中华经典现代解读丛书

CONG《YANSHI JIAXUN》KAN ZHONGGUO JIAJIAO

从《颜氏家训》看中国家教

顾 易 ◎ 著

暨南大学出版社
JINAN UNIVERSITY PRESS

中国 · 广州

图书在版编目（CIP）数据

从《颜氏家训》看中国家教 / 顾易著. — 广州：暨南大学出版社，2020.5（2021.2 重印）
（中华经典现代解读丛书）
ISBN 978-7-5668-2883-5

Ⅰ. ①从… Ⅱ. ①顾… Ⅲ. ①家庭道德—中国—南北朝时代②《颜氏家训》—通俗读物 Ⅳ. ①B823.1-49

中国版本图书馆CIP数据核字（2020）第 048842 号

从《颜氏家训》看中国家教
CONG《YANSHI JIAXUN》KAN ZHONGGUO JIAJIAO
著　者：顾　易

出 版 人：张晋升
丛书策划：徐义雄
责任编辑：郑晓玲
责任校对：刘舜怡
责任印制：周一丹　郑玉婷

出版发行：暨南大学出版社（510630）
电　　话：总编室（8620）85221601
　　　　　营销部（8620）85225284　85228291　85228292　85226712
传　　真：（8620）85221583（办公室）　85223774（营销部）
网　　址：http://www.jnupress.com
排　　版：书窗设计
印　　刷：广东广州日报传媒股份有限公司印务分公司
开　　本：850 mm × 1168 mm　1/32
印　　张：4.25
字　　数：70 千
版　　次：2020 年 5 月第 1 版
印　　次：2021 年 2 月第 2 次
定　　价：30.00 元

（暨大版图书如有印装质量问题，请与出版社总编室联系调换）

总　序

　　中华优秀传统文化历史悠久，博大精深，魅力无穷，是中华民族的"根"、中华民族的"魂"，是中华文化自信的源头、活水，也是中华民族的精神力量、文化力量和道德力量。而中华经典是中华优秀传统文化的精华与精髓，蕴含着中华优秀传统文化的精神内核、价值取向、道德标识和文化内涵，读懂弄通经典可以启迪人们的思想，让人们增长智慧、升华境界、受益终身。《易经》《论语》《大学》《中庸》《颜氏家训》等书，我过去虽然也读过，但随着人生阅历的增长，又有新的感悟，这就是经典的魅力之所在，让人温故知新，常读常新。现在，我带着思考去读，广泛地涉猎各种版本，进行比较、审问，加以新的概括，收获就更大了。

然而，经典毕竟是几千年前的产物，随着时代的进步，有的内涵发生了变化，就要赋予经典新的内涵并加以丰富和发展，这就需要对其进行"现代解读"。这个"现代解读"，就是习近平总书记指出的进行"创造性转化、创新性发展"，具体来说：一是要"不忘本来"，不忘中华优秀传统文化的根源，珍惜、保护和弘扬中华优秀传统文化，维护其根脉，注入时代精神，使其焕发生机和活力；二是要"吸收外来"，以开放的心态，接纳世界优秀的文化，既不妄自菲薄，也不夜郎自大，取长补短，博采众长，借鉴人类共同的文明成果，展现其强大的生命力和独特的魅力；三是要"面向未来"，着眼于造福子孙万代和永续发展，着眼于中华民族的伟大复兴，为未来的发展夯实根基，提供不竭的精神动力和力量源泉。正是基于以上的认识，从几年前开始，我就着手进行"中华经典现代解读丛书"的写作，至今完成了八本，以后还计划再写若干本。

解读中华经典的书籍可以说是汗牛充栋，数不胜数，但大多为分段的解释、考证。此丛书有别于其他经典解读读物的地方在于：一是紧扣中华优秀传统文化的精神标识、道德标识和文化标识。我认为这三个标识集中体现为："天下为公"的社会理想、"天人合一"的生存智慧、"民为邦本"的为政之道、"民富国强"的奋斗目标、"公平正义"的社会法则、"和谐共生"的相处之道、"自强不息"的奋斗精神、"精忠报国"的爱国情怀、"革故鼎新"的创新意识、"中庸之道"的行为方式、"经世致用"的处世方法、"居安思危"的忧患意识、"威武不屈"的民族气节、"唯物辩证"的思维方式、"仁者爱人"的道德良心、"孝老爱亲"的家庭伦理、"敬业求精"的职业操守、"谦和好礼"的君子风度、"包容会通"的宽广胸怀、"诗书礼乐"的情感表达。这些精神和思想，跨越时空，超越国度，富有永恒魅力，仍然具有当代价值，为此，我在写作时不会面面俱到，而是集中于某一个侧面，选择一个主题进行解读。二是观照当下，结合当前的现实生活，以古鉴今，增强针对性，指导生活，学以致用，活学活用。三是力求通俗易懂，经典大多比较深奥难懂，为此，必须用现代的话语进行讲解，用讲故事的方法来阐述道理。

"中华经典现代解读丛书"的写作，让我重温经典，对我来说是一次再认知、再感悟、再提高的过程，我不仅增长了知识，更为重要的是修炼了心灵，虽然写作的过程很辛劳，但又乐在其中。由于本人能力、水平所限，本丛书一定存在一些缺陷和不足，期待得到读者的指正。

　　是为序。

作者于广州

2019年10月8日

目　录

引 言

家庭是人生启航的地方，是孩子成长的摇篮，是孩子生活的第一所学校。家长是孩子的第一任教师，家庭教育是人才培养的奠基工程。家庭教育与学校教育、社会教育构成了现代化教育的三大工程，在这三大工程中，家庭教育是国民教育的重要组成部分，是基础教育的基石。家庭教育是幼儿教育的起点，是高楼大厦的地基，是树木的根本。

家庭教育不但关系到子女的健康成长、家风传承，也肩负着促进国家发展和社会进步的使命。

党的十八大以来，习近平总书记多次在不同的场合强调要加强家教、家风建设。

2013年10月，习近平总书记在同全国妇联新一届领导班子成员的集体谈话中指出，"千千万万个家庭的家风好，子女教育得好，社会风气好才有基础"。

在2015年的春节团拜会上，习近平总书记指出：

"不论时代发生多大变化，不论生活格局发生多大变化，我们都要重视家庭建设，注重家庭、注重家教、注重家风……使千千万万个家庭成为国家发展、民族进步、社会和谐的重要基点。"

2016年，习近平总书记在会见第一届全国文明家庭代表时，又强调要动员社会各界广泛参与家庭文明建设，推动形成爱国爱家、相亲相爱、向上向善、共建共享的社会主义家庭文明新风尚。

习近平总书记关于注重家庭、注重家教、注重家风的系列讲话，传承和弘扬了中国家教思想，表达了千千万万个家庭的心声。

中外名家对家教的重要性也有独特的看法：

蔡元培在《中国人的修养》中说："家庭者，人生最初之学校也。一生之品性，所谓百变不离其宗者，大抵胚胎于家庭之中。"

高尔基说："单单爱孩子，这是母鸡也会做的事情，可是善于教养他们，却是一桩伟大的公共事业。"

泰曼·约翰逊说："成功的家教造就成功的孩子，失败的家教造就失败的孩子。"

据调查，孩子90%以上的素质是由父母决定的。假如孩子出问题，根源在家长、在老师、在社会。

可以说，有什么样的家风、什么样的家长，就会有什么样的孩子。有人说，一个民族、一个国家的竞争，说到底是母亲的竞争。准确地说应该是家长的竞争，因为家长的素质、修养影响了孩子的品质和未来。家庭教育是家事，也是国事。

众所周知，大部分岗位的员工必须经过学习，考核达标后才能获得上岗证——这是他们能胜任某项工作的证明。遗憾的是，"家长"未经考核便能上岗。许多人成为家长以后，对孩子往往既不会"养"，也不会"育"，"养育"两字看似轻松，实则沉重。有些家庭正因为家长不懂教育孩子，而使孩子走了弯路，甚至走上邪路，成为家庭之痛、社会之害。因此，培育、造就优秀的家长是时代的课题。

教育孩子其实是人类最重要而又最困难的学问，比其他任何一种教育都要困难。

父母既是孩子的第一任老师，也是其终身的老师，承担着对孩子一生的教育责任。父母无论面对的是什么样的孩子，都没办法反悔或者"退货"。所以说，孩子的命运掌握在家长的手中，孩子成才与否取决于家庭的教育。

　　《颜氏家训》是中国较早的一部家教经典，这部经典提出的家教思想、原则、内涵和方法，遵循了教育的规律，契合了孩子的成长轨迹，具有科学性、针对性，至今仍闪耀着思想光芒，具有时代价值。

第一讲 《颜氏家训》是中国家教最具代表性、系统性的经典

中国历来重视家庭教育，把家庭教育作为孩子成长的基础性教育，留下了如"子不教，父之过""教妇初来，教儿婴孩""人生至乐，无如读书；至要，无如教子"等古训，一些富贵之家，力图用良好的家教造就良好的家风，走出"富不过三代"的怪圈。中国传统的教育思想提出了"欲治其国者，先齐其家"的要求，而"齐家"最重要的内容就是培育好子女。正所谓："三代而上，教详于国；三代而下，教详于家。"

《诗经·大雅·思齐》说："刑于寡妻，至于兄弟，以御于家邦。"意思是说："要给自己的妻子树立榜样，推广到兄弟，进而治理好国家。"

《大学·传》说："所谓治国必先齐其家者，其家不可教，而能教人者，无之。"又说："一家仁，一国兴仁；一家让，一国兴让；一人贪戾，一国作乱。其机如此。"意思是说："所谓治理自己的国家，必须先安顿好自己的家庭，自己的家人都没有教育好，却去教育别人，那是不可能的事。""（君主）一家人行仁，全国就会兴起行仁之风；（君主）一家人礼让，全国就会兴起礼让之风；（君主）个人贪婪暴戾，国家便会有动乱。其中的关联契机便是如此。"这说明家教不但关系到孩子的健康成长、家庭的幸福，而且关系到国家的安危、民族的兴衰。

中国家教的历史源远流长，中国古代家教主要体现在家规、家训、家书。

家训是中国家教的重要载体。训者，有劝导之义。家训便是训导子孙，指导本族子孙言行举止、品德修为、从业治学等方面的行仪规范，为子孙和家族中的其他人立规矩，让他们立身有方、行为有规、学有所范，使好家风得以代代传承。中国古代有许多著名的家训经典：

范氏家训为："孝道当竭力，忠勇表丹诚；兄弟互相助，慈悲无边境；勤读圣贤书，尊师如重亲；礼义勿疏狂，逊让敦睦邻。敬长与怀幼，怜恤孤寡贫；谦恭尚廉洁，绝戒骄傲情。字纸莫乱废，须报五谷恩；作事循天理，博爱惜生灵。处世行八德，修身奉祖神；儿孙坚心守，成家种善根。"范氏家训教育了范氏千千万万的子女，培养了范蠡、范缜、范文澜、范长江等名人，特别是范仲淹，他不仅心忧天下，写下著名的《岳阳楼记》，还教育子孙做人须"心清"，做事须"谨慎"，身体须"爱惜"，持家须"勤俭"，从而使家族兴盛，人才辈出。

晚清名臣曾国藩，其家训也为人所称道。曾国藩为子女立了四条规矩："一是慎独则心里平静，二是主敬则身体强健，三是追求仁爱则人高兴，四是参加劳动则鬼神也敬重。"回望历史可知，"盛不过三代"是大多数官宦之家很难摆脱的魔咒，但曾氏家族却英才辈出：其子曾纪泽在曾国藩死后才承荫出仕，从事外交；曾纪鸿一生钻研数学，成为近代著名数学家。其孙曾广钧中进士后，终老翰林。其曾孙、玄孙辈大多出国留学，在外交、教育、科研等领域作出了突出成绩，实现了曾氏"长盛不衰，代有人才"的遗愿。

中国古代有十大知名家训，按照时间顺序依次列举如下：第一个是周公旦的《诫伯禽书》；第二个是司马谈的《命子迁》；第三个是诸葛亮的《诫子书》和《诫外甥书》；第四个就是本书所讲的颜之推的《颜氏家训》；第五个是唐太宗李世民的《诫皇属》；第六个是包拯的《包拯家训》；第七个是欧阳修的《诲学说》；第八个是袁采的《袁氏世范》；第九个是朱柏庐的《朱子家训》;第十个是李毓秀的《弟子规》。这些家训字字蕴含着对子女的深情,句句饱含着对子女的期望。

这其中,《颜氏家训》是中国最著名、流传最广且对后世影响最大的一部家教经典。南宋著名藏书家陈振孙称赞该书:"古今家训,以此为祖。"

《颜氏家训》是颜之推一生关于立身、处世、为学的经验总结,其思想主旨为传统的儒家文化,书中阐述了教子治家、立身扬名的道理,谆谆告诫后代守道遵德,治学修业,养生归心,成为国家栋梁之材。

一、颜之推写作《颜氏家训》的缘起

《颜氏家训》的作者为颜之推。颜之推是谁呢?相信读过《论语》的人都知道一个叫颜回的人,他是伟大的教育家孔子的七十二弟子之一。颜之推就是孔子爱徒颜回的第三十五世孙。颜之推为什么要写《颜氏家训》这本书呢?这得从他的生平说起。

《北齐书·颜之推传》载:"之推早传家业。年十二,值(萧)绎自讲《庄》《老》,便预门徒。虚谈非其所好,还习《礼》《传》。博览群书,无不该洽;词情典丽,甚为西府所称。"颜之推生于南朝梁代的江陵，较早继承家业，十二岁的时候，适逢萧绎亲自讲说《庄子》《老子》，成为其门生。他不好清谈，于是退学回家自学《周礼》《左传》。他广泛阅读各种图书，知识渊博，文辞典雅，很受镇西府的人称赞。他所处的时代正值天下兴废，动荡不安，他一生经历了南梁、北齐、北周、隋四个朝代，饱受战乱之苦，目睹兴衰交替之变。古代士大夫向来非常注重气节，颜之推于乱世中保全了自身，多朝为官，难免成为别人评说的把柄。然而这其中的心酸和教训，也只有他自己可以体会。他曾在《观我生赋》中记述自己身经亡国丧家的变故，以及"予一生而三化"的心酸往事，且悔恨道："向使潜于草茅之下，甘为畎亩之人，无读书而学剑，莫抵掌以膏身，委明珠而乐贱，辞白璧以安身？尧、舜不能荣其素朴，桀、纣无以污其清尘，此穷何由而至，兹辱安所自臻。"意思是说："假如当初隐居在草屋，甘心做山野农夫，不去读书学剑，不高谈阔论去修身，放弃珍宝而甘于卑贱，推掉富贵而安守清贫，尧、舜不会羡慕我的朴素，桀、纣不能玷污我的清白，困顿怎会到来，屈辱又怎会被招来？"悲愤之情，溢于言表。此番胸中丘壑唯有化作笔尖波澜，人生教训皆可作后车之戒。

　　颜之推生于氏族官僚家庭，用他自己的话说，"吾家风教，素为整密"，从小就受到很好的教育。颜之推的父母非常注重对他的教育，《颜氏家训·序致》中充满了颜之推对父母的感恩，称其双亲"赐以优言，问所好尚，励短引长，莫不恳笃"。颜之推小时候早晚侍奉双亲，做事规矩，神色安详，言语平和。然而，在他9岁时，双亲不幸去世，家道中落，此后他即由兄长抚养。然而"慈兄鞠养，辛苦备至，有仁无威，导示不切"，因兄长仁爱而缺少威严，疏于管教，颜之推年少时染上轻狂放纵的毛病。他反省道："每常心共口敌，性与情竞，夜觉晓非，今悔昨失，自怜无教，以至于斯。"意思是说："经常心里想的和嘴上说的不一致，理智与情感发生冲突，夜里觉察到白天做得不对，今日追悔昨日的失误，哀怜自己没有得到良好的教育，以至于落到这种境地。"他不希望自己的子孙重蹈覆辙："故留此二十篇，以为汝曹后车耳。"意思是说："为此，我留下这二十篇文章，用来作为你们的后车之戒。"

　　然而，"夫圣贤之书，教人诚孝，慎言检迹，立身扬名，亦已备矣"，也就是说，对于修身齐家，古代圣贤已经讲得很多，也有很多著作传世，再写这些，会不会"犹屋下架屋，床上施床"一样重复多余呢？颜之推的回答是："夫同言而信，信其所亲；同命而行，行其所服。禁童子之暴谑，则师友之诫，不如傅婢之指挥；止凡人之斗阋，则尧、舜之道，不如寡妻之诲谕。"意思是说："同样一句话，因为说话者是他们所亲敬的人就信服；同样一个吩咐，因为吩咐者是他们所敬服的人就遵行。要禁止儿童过分顽皮，老师、朋友的告诫就不如侍婢的劝阻有效；要制止兄弟之间的争斗，尧、舜的教导还不及自家妻子的规劝诱导有效。"这段话道出了家教的真谛：教育者首先应是一个受人敬重的人，是值得信任之人，而亲友的劝诲最有效。

　　基于以上考虑，颜之推创作了《颜氏家训》一书。颜之推在北齐做官时就已动笔撰写此书，集其毕生之经验，旁征博引，直至隋朝完稿，这是他一生关于士大夫立身、治家、处世、为学的规范总结，以告诫子孙治学之道、立身行事之则。颜之推撰写家训并没有想令其成为传世之作，只是为了整顿颜氏门风，警醒后辈。然而实际上这两者都做到了。此后，《颜氏家训》成为家训之典范，为后人所称颂，唐代以后出现的数十种家训，莫不直接或间接地受到该书的影响。该书曾被多次重刻，虽历千余年而不佚，更可见其影响之深远。清人王钺在《读书丛残》中盛赞《颜氏家训》，称其"篇篇药石，言言龟鉴，凡为人子弟者，可家置一册，奉为明训，不独颜氏"。

二、《颜氏家训》的主要内容及其价值

《颜氏家训》共分七卷二十篇，第一篇《序致》是全书的序言，最后一篇《终制》是颜之推的遗嘱，中间十八篇，分别为：《教子》《兄弟》《后娶》《治家》《风操》《慕贤》《勉学》《文章》《名实》《涉务》《省事》《止足》《诫兵》《养生》《归心》《书证》《音辞》《杂艺》。书中所讲内容涉及诸多领域，包括历史、文学、训诂、文字、音韵、民俗、社会、伦理、教育等。其中许多内容对家庭教育的探究尤其深入，很多观点对于我们现在的家庭教育都很有借鉴意义。如：

（1）把读书做人作为家教的核心。颜之推把读圣贤名著的主旨归纳为"诚孝、慎言、检迹"六字，认为读书问学的目的是"开心明目，利于行耳""若能常保数百卷书，千载终不为小人也"。他认为无论年龄大小，都应该读书学习，"幼而学者，如日出之光；老而学

者，如秉烛夜行，犹贤乎瞑目而无见者也"。

（2）选择正确的人生偶像。从某种意义上说，选择怎样的偶像，就会有怎样的人生。北齐时，一些人教孩子学鲜卑语、弹琵琶，希望通过服侍鲜卑公卿来获取富贵。颜之推对此非常不屑，认为这样会迷失人生方向，即使能到卿相之位，亦不可为之。他要求子女"慕贤"，将大贤大德之人作为自己的人生偶像，并且"心醉魂迷"地向慕与仿效他们，在他们的影响下成长。借古论今，今天我们也要引导孩子正确地"追星"，树立正确的崇拜对象，以德才兼备的人为学习典范。

（3）确立家庭教育的各项准则。家长要成为子女的楷模："夫风化者，自上而行于下者也，自先而施于后者也。是以父不慈则子不孝，兄不友则弟不恭，夫不义则妇不顺矣。"意思是说："教育感化这件事，是从上向下推行的，是从先向后施行影响的。所以父不慈子就不孝，兄不友爱弟就不恭敬，夫不仁义妇就不温顺了。"要在践行"箕帚匕箸，咳唾唯诺，执烛沃盥"，即怎样使用簸箕扫帚，怎样使用勺子筷子，怎样得体地回应他人的话语，怎样拿着蜡烛侍奉长辈盥洗等细小的生活礼仪中树立"士大夫风操"。持家要"去奢""行俭""不吝"。在婚姻问题上做到"勿贪势家",即不可贪图高攀权势之家,反对"贪荣求利"。务实求真,不求虚名,摒弃"不修身而求令名于世"的行为。"名之与实,犹形之与影也。德艺周厚,则名必善焉。"意思是说:"名与实的关系,就像形与影的关系。如果德行丰厚、才艺全面,那么他的名声一定很好。"杜绝迷信,绝对不谈"巫觋祷请",即不请巫师前来作法祈祷;"勿为妖妄之费",即莫把钱花费在这些巫妖虚妄的事情上。

三、颜氏好家风造就颜氏家族三个世纪的辉煌

颜氏家族在汉末以后逐渐发展成为一个大士族,历史上有许多赫赫有名之人,如注解《汉书》的颜师古,书法独树一帜、为一代楷模的颜真卿,凛然大节震烁千古、以身殉国的颜杲卿等。人们常说"盛不过三代",就连孟子也说过"君子之泽,五世而斩",然而颜氏一脉却长期绵延兴旺,涌现出一批杰出人士。

大家族兴旺昌盛虽然各有各的原因,但都离不开一个共同的理由,那就是良好的家教门风。由此我们可以推想,颜氏家族得以兴旺,颜之推所著的这部家训功不可没。

　　颜氏后人的具体实践也证明了《颜氏家训》对规范一个家族的家风，保证其世代流传、发扬光大，确实起到了重要的作用。

　　颜之推本人是南北朝时期的大学问家。《隋书·经籍志》《旧唐书·经籍志》《新唐书·艺文志》都著录了他的众多作品名称，有文字学的，有音韵学的，有古籍校注的，等等，但仅有《颜氏家训》《还冤志》及个别单篇存世。当代史学家范文澜这样推崇颜之推："他是南北朝最通博最有思想的学者……当时所有大小知识，他几乎都钻研过并提出自己的见解。《颜氏家训》二十篇，就是这些见解的记录。"

　　颜之推的期望没有落空，他的后代都继承了家学。颜之推长子颜思鲁，其名意为"怀思故乡"（"颜氏之先，本乎邹、鲁"），隋代任东宫学士，唐初任李世民府记室参军，颜之推文集就是由他整理编定的。次子颜愍楚，其名意为"哀念故国"（"梁元帝都江陵，故曰楚"），他继承了颜之推在音韵学上的成就，著《证俗音略》；曾任廉州刺史、鄂州刺史，对《汉书》有独到见解，著《汉书决疑》，其学问又被其侄颜师古继承。三子颜游秦，唐武德六年任廉州刺史，治绩卓著。

　　孙辈颜师古，是著名的经学家、语言文字学家。颜勤礼，幼而朗悟，识量容远，工于篆籀，尤精训诂，与两兄师古、相时同为弘文、崇贤两馆学士。颜相时，唐武德中与房玄龄同为秦王府学士。颜育德，曾任太子通事舍人，于司经局校定经史。

　　五世孙颜昭甫、颜元孙、颜惟贞，分别在训诂学、书法等领域有所建树。

　　六世孙颜真卿、颜春卿、颜杲卿也光宗耀祖。其中最为人称道的是颜杲卿和颜真卿。颜杲卿、颜真卿是堂兄弟，唐安史之乱初，颜杲卿任常山（今河北正定）太守，颜真卿任平原（今山东西部）太守。安史之乱平定后，颜真卿出任吏部尚书、太子太师，封鲁郡开国公，历经三朝（肃宗、代宗、德宗）。德宗时藩镇割据，他奉命去河南汝州淮西节度使李希烈处。李希烈在藩镇中地位最重要，势力最大，很想称帝，逼颜真卿叛唐。颜真卿怒斥："汝知有骂安禄山而死者颜杲卿乎？乃吾兄也。吾年八十，知守节而死耳，岂受汝辈诱胁乎！"李希烈还在颜真卿住处挖一大坑，欲坑杀之，颜真卿坦然道："何必多事，只要一剑便可。"最终颜真卿被李希烈缢杀于蔡州。

　　颜之推后人在安史之乱这一特殊年代表现出的忠、孝、节、义，是颜氏家风得以传承的最好体现。

　　颜之推在《颜氏家训》中很重视后代的文化艺术修养。他本人对书法很有研究，称"吾幼承门业，加性爱重，所见法书亦多，而玩习功夫颇至"。他最看重王羲之、王献之的书法，不仅收藏，更多方研习，要求子孙"真草书迹微须留意"。

　　颜氏一门对书法的重视，终在颜真卿身上结出硕果。颜真卿书法初学褚遂良，后从张旭处习得笔法，所写正楷端正雄浑、气势宏伟，行书则遒劲勃发，极像他的为人。中国书法到颜真卿时大放异彩，他的"颜体"至今仍被奉为书法正宗，留下的笔迹如碑刻《多宝塔碑》《麻姑仙坛记》《颜勤礼碑》《颜氏家庙碑》、手迹《祭侄文稿》为书法史上的珍宝。

　　从南北朝到唐中叶，颜之推本人及其后代，出了一流的学问家、一流的书法家，也出了为后人称道的忠臣、义士，从时间上推算，其家业和门风绵延不绝，辉煌了三个世纪（6—8世纪）。

第二讲　《颜氏家训》告诉我们家庭教育的目标和原则

家教须高瞻远瞩、高屋建瓴，必须有思想高度、文化厚度和道德温度。《颜氏家训》的可贵之处在于高远，明确了家庭教育的目标和原则。

《颜氏家训》认为，家教就是要让孩子完善人格，从修身求进开始，进而多知明达，最终利己济世。这与孔子"修己以敬""修己以安人""修己以安百姓"的思路是一致的，从而形成了家教的三大目标和三大原则。

一、三大目标

家庭教育应培养什么样的人，《颜氏家训》通过确立三大目标，对此作了具体的回答。

（一）目标之一：修身求进

《颜氏家训·勉学》曰："古之学者为人，行道以利世也；今之学者为己，修身以求进也。夫学者犹种树也，春玩其华，秋登其实；讲论文章，春华也，修身利行，秋实也。"意思是说："古代求学的人是为了推行自己的主张以造福社会；现在求学的人是为了自身需要，涵养德行以求做官。学习就像种果树一样，春天可以赏玩它的花朵，秋天可以摘取它的果实；讲论文章就好比赏玩春花；修身利行就好比摘取秋果。"

颜之推传承了孔孟以来的教育思想，十分重视对子女的道德培育和人格完善，强调"为人之道"的教育，以修身作为进取的起点。他指出，在家庭建设中，应以"正道"为核心，"正道"须"正人"，而"正人"需提高家庭中每个成员的道德修养和人格素养，这样才能成于人，达于人，再达于世。

颜之推对于如何培育一个人格完善的子女，提出了以孝悌等人伦道德教育为基础、以树立仁义的信念为主要任务、以实践仁义为最终目的的教育理念。他说："有志尚者，遂能磨砺，以就素业。"这就是修身求进。

我国职业教育先驱、著名民主人士、教育家黄炎培可谓修身求进的典范。1945年黄炎培在延安与毛主席谈及如何跳出"历史周期率"一事为人所熟知，而其成功的家教却鲜为人知。

黄炎培在教育子女时，把立德修身作为首要内容，给子女们写了一个座右铭："理必求真，事必求是；言必守信，行必忠实；事闲勿荒，事繁勿慌；有言必信，无欲则刚；和若春风，肃若秋霜；取象于钱，外圆内方。"他要求子女追求真理，坚守信用，勤奋用功，遇事沉着，和善待人，在这一座右铭中深刻地阐述了做人所需的品德修养。

在他的教导下，子女个个成才。例如，长子黄方刚取得美国哈佛大学哲学博士学位，次子黄竞武取得美国哈佛大学经济学硕士学位，三子黄万里是我国著名水利专家，四子黄大能是我国著名水泥混凝土技术专家，六子黄方毅供职于中国社会科学院。

（二）目标之二：多知明达

关于教育的目的，《颜氏家训》中提到"所以学者，欲其多知明达耳"，教育的作用和目的就在于使学习者多知明达。所谓"多知"，就是见多识广，知识丰富；所谓"明达"，就是明辨是非，通达事理。"多知"是前提，"明达"是结果。前者是知识问题，后者是能力问题。而"开心明目，利于行耳"，学习的最终目的是将所学体现于行动之中。教育和学习的目的在于使人既能"修身""为己"又能"行道"。对孩子的教育首先应拓展其知识面，不能过早地追求"专"，局限于某一学科。其实，各个学科是相互渗透的，拥有广博的知识有利于今后的融会贯通。

著名作家钱锺书，其本人的成功和女儿的成功均源于好家教。

钱锺书的父亲——国学大师钱基博，是清华大学有名的国文教授。他偏爱古书，平时总会看书抄书，并在摘录旁写上自己的看法。他对儿子的管教极为严格，要求钱锺书博览群书，扩大知识面，学会融会贯通。

钱锺书上学时，除了要完成学校规定的作业，还要读古文名著。这位"博学鸿儒"后来秉承了父亲治学严谨的风格，踏踏实实地做学问，惜时如金，广泛地涉猎知识，博古通今，学贯中西。即使是在战乱时期，他也没有停止工作和写作。他毕生致力于文学研究，并将中国文学艺术推向世界。

钱锺书时刻将父亲的教导铭记于心，并以实际行动将之传承给了女儿钱瑗。钱瑗与父亲一样，痴心读书，专心做学问。外出开会或者讲学时，每每会议结束，她或者马上回学校，或者就在旅馆里看书备课，很少出去游玩。她晚年时身体不适，躺在病床上行动不便，仍手不释卷。

对知识的追求让钱家几代人都活得简单而卓越。一个家庭的人生态度和精神风貌，会在潜移默化中代代相传。

唐代文学家韩愈也重视子女的知识教育。他在《符读书城南》一诗中写道："人之能为人，由腹有诗书。诗书勤乃有，不勤腹空虚……人不通古今，马牛而襟裾。"他这是在告诫子女，只有勤奋苦读，才能增长知识，通达古今，成为国家有用之才。

（三）目标之三：利己济世

"济世"，需善于"利己"。只有具备良好的道德修养，才能有效"济世"，以至治国平天下。"利己"是"济世"的基本前提，"济世"则是"利己"的更高目标。可见，《颜氏家训》培养孩子的目的兼具修己明理和传道济世：修己明理是为了做个君子，而传道济世则是更大的理念，要为天下、为百姓作贡献，是从小我到大我的境界提升，打造内外兼修模式，内有修养之身，外有胸怀天下之心。

出身贫寒的宋朝名相范仲淹便是一例。范仲淹小时候家里一贫如洗，环堵萧然，连饭都吃不饱。他暗下决心，将来若能出人头地，定要救济贫苦者。后来，他当了宰相，便兑现自己的诺言，把俸禄拿出来购买义田，分给贫穷无田地的人耕作。平日里，还给一些贫困户送衣、送食。街坊邻居凡是有婚丧嫁娶的，他都给钱给物补贴他们。就这样，他用一人的俸禄资助了三百多户乡亲。

后来，范仲淹在苏州买了一处住宅。一位风水先生说，此屋风水极好，后代必出大官。范仲淹却立刻把这处宅子捐了出来，改作学堂。有人笑他傻，但他不这么认为，他想，如果都让苏州城百姓的子孙能出人头地，那比起范家独自享福好多了。在一些人看来，范仲淹简直是个傻子、败家子，然而，范氏家族却兴旺了八百年，范仲淹的四个儿子都德才兼备，当了官，次子范纯仁还官至宰相。范家的后代一直到民国初年都不衰，这是因为范家子孙牢记"先天下之忧而忧，后天下之乐而乐"和"积德行善"的祖训。

利己济世，就是把利己融入事业，把个人的成就融入国家的发展，在济世中实现个人的抱负和价值。

二、三大原则

家庭教育必须遵循孩子身心成长的规律，坚持科学的原则。《颜氏家训》提出了家庭教育的三大原则，时至今日仍不过时。

（一）原则之一：习惯养成

《颜氏家训·教子》中提到："当及婴稚识人颜色，知人喜怒，便加教诲，使为则为，使止则止，比及数岁，可省笞罚。"意思是说："应在婴儿识人脸色、懂得喜怒时就加以教导训诲，叫做就做，叫不做就不做，等他长大几岁，就可省去鞭打惩罚。"《颜氏家训》中引用了孔子的名言"少成若天性，习惯如自然"。意思是一个人小时候所形成的良好行为习惯，会像天生的一样牢固。儿童时期是习惯养成的关键时期，早期习惯的养成是一种能力储备，能为孩子的将来积蓄潜能。颜之推以自身的例子教育后人，说自己年幼失去父母，由哥哥抚养成人，哥哥有仁爱而少威严，引导启示不够慎重。颜之推小时候虽然诗书也读了，礼乐也接触了，可是没有形成一些好的习惯，等长大之后，发现自己身上有很多问题。比如"肆欲轻言，不修边幅"，成年后虽然想要改正，但"习若自然，卒难洗荡"，这时候再改就非常困难了。习惯是一种稳定的自动化行为，养成后将陪伴终身。所以，良好习惯的培养、训练和教育一定得及早进行。

除了从小培养良好的习惯，还需要具备正确的学习观念和端正的学习态度。中国古代的教育家都很重视"蒙以养正"，正念、正心、正气。正念要求教育必须有端正的学习态度以及正确的教育理念；正心要求端正心态、摆正心思，对所学知识充满诚意；正气要求有光明正大的作风、坦荡正义的气节。

（二）原则之二：守道待时

《颜氏家训》讲了这样一个故事："齐朝有一士大夫，尝谓吾曰：我有一儿，年已十七，颇晓书疏，教其鲜卑语及弹琵琶，稍欲通解，以此伏事公卿，无不宠爱，亦要事也。吾时俯而不答。异哉，此人之教子也！若由此业，自致卿相，亦不愿汝曹为之。"这里说的是：南北朝时期，黄河流域发生五胡乱华事件。当时北朝的掌权者是鲜卑族。北齐的一个官员有一个儿子，已经长到十七岁，非常知书达礼，学鲜卑语，会弹琵琶。该官员想等将来儿子稍微学有所成了，就把他送到掌权者面前秀一秀琵琶和鲜卑语，要是能得到掌权者的宠爱，那儿子以后的前途就有保障了。颜之推对这个想法的态度是低头沉默，不予回应。他认为："太奇怪了，哪有这么教育自己儿子的""即使这么做就能做到九卿、宰相这样的官职，我也不愿让孩子们去做"。

在这里，颜之推想表达的是功利教育不可取。他坚持两件事：

一是要"守道"，即守正道，不投机取巧；不攀龙附凤，依附权贵；不哗众取宠，以博取功名。他不反对学乐器，不反对学外语，而是反对以学乐器和学外语的方式去攀附、去逐利。在他的理念中，一个人的品格、价值观和动机是一定要端正的。父母要对孩子先进行品格教育，再进行技能教育。技能教育晚一点没关系，但品格教育要是晚了，就会出问题。这正如扣扣子一样，第一颗扣子扣错了，后面的扣子都会错位。为此，要扣好人生第一粒"扣子"，这个"扣子"就是正道和品行。

二是要"待时"，即遵循孩子的成长规律，循序渐进，不要拔苗助长，提出过高的要求，而要在适当的时机进行适当的教育。现代社会竞争激烈，家庭教育中往往容易过分强调技能教育、竞争教育、社会压力教育。其实，家庭教育是万里长征第一步，家长不能整天向孩子施压，灌输同学都是对手，物竞天择、优胜劣汰的观念，这样做会让孩子生活在高压之下，感到社会是残酷的、人生是痛苦的。应重视基础教育，遵循孩子心智成长的规律，注重德、智、体、美、劳全面发展，不提过高的要求，顺其自然，顺应秉性，静待花开。同时，要让孩子有平常心、同情心、友好心、利他心，既竞争又合作，争先又共赢。

（三）原则之三：潜移默化

成长环境对于家庭教育的重要性，历来受到中国教育的重视。《颜氏家训》中，颜之推引用荀子《劝学》中的"蓬生麻中，不扶自直"，比喻良好的环境造就良好的品质。此外，荀子《劝学》中还有一句话："君子居必择乡，游必就士"，意思是说："选居住地，要看周围生活环境以及邻里关系；交朋友，要看这个人的思想素养以及道德品质。"

《颜氏家训》提到："人在少年，神情未定，所与款狎，熏渍陶染，言笑举动，无心于学，潜移暗化，自然似之。何况操履艺能，较明易习者也？"这句话中有个关键词——"潜移暗化"，我们通常说"潜移默化"，现代教育理念中，称之为"浸润教育"。不能生硬地灌输，不应指责和逼迫，而应通过环境营造、行为引导、榜样示范，以润物细无声的方式发挥教育的影响力。

现代心理学有一个研究：想让一个孩子热爱学习，以下几个方法哪个最有效？第一，每天检查作业；第二，家里有大量图书；第三，家长每天都在读书。该研究发现，第三个方法效果最好。可见，在家庭教育中，榜样是最重要的，父母是孩子的榜样。父母的一言一行对孩子的影响很大。孩子耳濡目染，会看在眼里，记在心里，落在行里，这就是有样学样，"近朱者赤，近墨者黑"，家庭成员细小的言谈举止，对孩子都具有潜移默化的作用。

第三讲 《颜氏家训》告诉我们中国家教要义

一、品德教育——从小培养孩子优良的品德

《颜氏家训》强调家教重在品德教育，要从小培养孩子优良的品德，也就是我们今天讲的"德商"。这是做人的起码要求。

《颜氏家训·名实》说："名之与实，犹形之与影也。德艺周厚，则名必善焉；容色姝丽，则影必美焉。今不修身而求令名于世者，犹貌甚恶而责妍影于镜也。"意思是说："名与实，就像形体与影子的关系一样。德行才干周全深厚的人，其名声必然是好的；容貌秀丽的人，其形象也必然是美的。现在不修身养性，却希望在世上得到好名声的人，就像容貌丑陋，却想要在镜子中照出美丽影像一样。"颜之推要求子女靠自己的"德艺周厚"、修身慎行去获得好名声，把修身立德作为做人之本。

许多年轻的父母，宁愿苦了自己，也要让孩子享受最好的生活。他们偏重于"养"，轻视于"教"，给孩子吃饱穿暖，极尽所能为孩子提供物质上的所需，认为教育是学校和社会的事情。这其实是不对的，教育孩子，助其形成健全的人格、培养良好的德行，更应该是由父母来完成的事情。

除了"养"与"教"之间的失衡外，还存在着"只教谋生，不教根本"的问题。

雅斯贝尔斯说："教育是人的灵魂的教育，而非理智知识和认识的堆集。"

如今在竞争激烈的社会当中，大多数父母对孩子的教育态度是：考什么就让孩子学什么。考英语，绝不学法语；考钢琴，绝不练跳舞。

康德说："父母在教育孩子时，通常只是让他们适应当前的世界——即使它是个堕落的世界。"

真正的教育是成长教育，而不仅仅是技能教育。"父母之爱子，则为之计深远"，德是最基础的东西，德与才，德为先、为要。

父母应该更重视孩子人格的培养，使其学会在纷繁世事中坚守本心，在生活中获得成就感和快乐。

《颜氏家训·终制》说："汝曹宜以传业扬名为务，不可顾恋朽壤以取湮没也。"这是教育后人要做有意义的事情，要修身扬名，要传道立业，这样才能无愧于生命、无愧于祖先、无愧于后人。所以，现代家庭教育不仅要关注孩子的日常生活和身体健康，更应该注重孩子的品格培养，要给孩子讲讲人生的问题，讲讲生命的意义，讲讲如何过好生命中的每一天，如何获得有价值、有意义的人生。

贝多芬曾告诫人们："把'德行'教给你的孩子。使人幸福的是德行而非金钱。"幼儿期是一个人个性、品德开始形成的重要时期，错过这个时期，许多良好的品性是很难形成的。

许多儿童教育专家认为：优秀的品格，只有从孩子还在摇篮之中时开始陶冶才有希望，在孩子的心灵中播下道德的种子越早越好。

那么，颜之推对培养孩子的道德品质提出了什么样的要求呢？主要有如下几个方面：

（一）孝悌立根

《颜氏家训·治家》说："夫风化者，自上而行于下者也，自先而施于后者也。是以父不慈则子不孝，兄不友则弟不恭，夫不义则妇不顺矣。"意思是说："教育感化的事，是从上向下推行，前人影响后人。因此，父亲不慈爱，子女就不会孝顺；哥哥不友爱，弟弟就不会恭敬；丈夫不仁义，妻子就不会和顺。"

颜之推认为，父亲要以贤父的态度来对待自己的子女，以教育感化他们；而子女应以侍奉、崇敬之心来传递感恩和孝顺。这样父子之间就能形成父慈子孝的关系。

"人须以孝悌立根基。"中国人历来讲究孝道。孔子认为："天地之性，人为贵。人之行，莫大于孝。"《孝经》说："孝为百行之冠，百善之始，是天之经也，地之义也，民之行也，德之本也。""孝悌"可以说是家风的核心内容。

汉字中的"孝"字，甲骨文为𡥨，像一个须发飘拂的老者，在儿子的搀扶下行走的样子。金文为𡦩，上部是面朝左、长头发的驼背老人，老人之下有"子"，像一个老人趴在儿子的背上。

《说文解字》说："孝，善事父母者。从老省，从子；子承老也。""孝"的本义是善于侍奉父母的人。

孝是儒家基本伦理规范之一，被认为是人伦之本、道德之源，是人性的光辉，也是中华民族的传统美德。在孔子的心目中，孝是子的义务，教是老的责任，是天经地义的事。《孝经》说："夫孝，德之本也，教之所由生也。"《论语》说："君子务本，本立而道生。孝弟也者，其为仁之本与！"孝敬父母，尊重兄长，是仁的根本。一个人只有先做到孝悌，才能实现"在家做孝子，在外主忠信，在朝做忠臣"的价值延伸。"百善孝为先"，孝为德之本。

从前有个书生，十年寒窗，一朝得中。当时很多人即使考中了，也未必能得到实缺当官，而他很快就得到了实缺，马上可以去做官了。这时家里传来消息：老父病重，需要人照料。他打算推掉这个实缺，回家照顾父亲。他的恩师对他说："你这一走，可能这辈子都没机会等到实缺了！"他向恩师磕头，说道："身为人子，官可以不做，但是父母的恩情不能不还！如今父亲病重，我岂能为了当官就置父亲于不顾！"他毅然回到了老家，悉心照顾父亲。等父亲病逝后，他就在家安心读书，一直沉寂了九年。这个书生叫宋慈，是历史上著名的法医学家，《洗冤录》的作者，他的孝心同样为人传颂！

人人皆知孝顺父母是天下第一等的大事，但是有多少人能像宋慈这样，放下锦绣前程去照顾患病的父亲呢？对父母尽孝，这是人生的第一条底线，也是每个人都应该具有的品德。宋慈守住了这条底线，让自己的人生没有遗憾，也赢得了人们的赞颂。

孝的基本要求是子女对父母生活的"养"。"孝"字老为上，子为下，体现子孙为老人所生、所养、所教；子孙要以老人为上、为先、为本。要尊敬老人，赡养老人，解老人之忧，承老人之志。日常生活要悉心照料，精神生活要关怀体贴。曾子在《礼记·祭义》中说："孝有三，大孝尊亲，其次弗辱，其下能养。"《孝经》对孝提出了具体的要求："居则致其敬，养则致其乐，病则致其忧，丧则致其哀，祭则致其严。"

孝是发自内心的敬爱。孔子在《论语》中有许多地方讲孝。"子游问孝。子曰：今之孝者，是谓能养。至于犬马，皆能有养；不敬，何以别乎？"意思是说："孔子的弟子子游请教孔子什么是孝。孔子说：'现在的所谓孝，是指能够侍奉父母。就连犬马都能做到。如果少了尊敬，又怎么能区别两者呢？'"可见孝的核心是要有尊敬之心。孔子的弟子子夏也问什么是孝。子曰："色难。有事，弟子服其劳；有酒食，先生馔，曾是以为孝乎？"意思是说："子女保持和悦的脸色是最难的。孝顺出于子女爱父母之心，这种爱心表现为和悦的脸色。要做到这一点，比为父母做事和请父母吃饭困难得多。"明代吕坤说："盖'悦'之一字，乃事亲第一传心口诀也。"

对父母和颜悦色，是最大的孝道。当下许多人能让父母温饱，但面对父母的唠叨以及生活的拖累，有时会表现出不耐烦、不高兴，没有好脸色。许多老人到了晚年，难免有病痛，有的还患了老年痴呆症，这时，子女所表现出的宽容、和悦、耐心就尤其重要。真正的孝是面对父母的唠叨，心不烦；面对父母的小过错，不责备；面对父母的不足，不抱怨。

《孝经》说："夫孝，德之本也，教之所由生也……身体发肤，受之父母，不敢毁伤，孝之始也。立身行道，扬名于后世，以显父母，孝之终也。"这里把自爱作为孝之始，把建功立业作为孝之终。这就是说，子女要"立身"成就一番事业，如果子女在事业上有了成就，父母就会感到自豪，这就是大孝。《礼记·中庸》说："夫孝者，善继人之志，善述人之事者也。"即努力尽自己所能，完成父母的心愿。天下的父母都望子成龙、望女成凤，子女为家、为国争光，让父母有面子，感到光荣和自豪，这就是最大的孝。只要子女能成才，父母吃多少苦心里也是甜的。《孝经》把孝和忠联系在一起，大忠为大孝。尽忠尽孝是历代仁人志士的追求，有时在忠孝不能两全的情况下，也只能舍孝取忠，因为孝是对小家而言，忠则是对国家、民族而言。

当年，邺下平定以后，颜之推被迁送关中。他的大儿子颜思鲁对他说："父亲大人，你现在在朝廷已经没有了官职和俸禄，而家里也没有积蓄，我应努力挣钱来好好供养您。可是，我现在须在经史上下功夫，不能求取很多钱财，对父亲未能尽到孝心，真是惭愧啊。"颜之推回应说："做儿子的应当以养为心，做父亲的应该以学为教。如果你放弃自己的学业而去求取钱财，我固然丰衣足食，但是我吃下去哪能感觉到甘美呀？即使穿上绫罗绸缎，我又怎么能感觉到舒适暖和呀？如果你继承了先王之道，继承了家世大业，我即使吃粗茶淡饭、穿粗布麻衣，也会觉得快乐满足了。"

颜之推的这一段话说明，只要儿女有志向为国家、为大众建功立业，作为父母，即使过着粗茶淡饭的日子，心里也是快乐的。

在家庭的"五伦"关系中，"孝"是处理父子关系的准则，关系到祖、子、孙三代人际关系的代际传承；"悌"则是处理兄弟姐妹关系的准则。颜之推在《颜氏家训》中说："人之事兄，不可同于事父。"他认为兄弟之间要亲密和睦。

　　《颜氏家训·兄弟》说："夫有人民而后有夫妇，有夫妇而后有父子，有父子而后有兄弟：一家之亲，此三而已矣。自兹以往，至于九族，皆本于三亲焉，故于人伦为重者也，不可不笃。兄弟者，分形连气之人也，方其幼也，父母左提右挈，前襟后裾，食则同案，衣则传服，学则连业，游则共方，虽有悖乱之人，不能不相爱也。"意思是说："有了人类然后才有夫妇，有了夫妇然后才有父子，有了父子然后才有兄弟：一个家庭中的人伦关系，就这三者而已。由此类推，直到产生九族，都是源于这'三亲'，所以对于人伦关系来说，'三亲'是最为重要的，不可不加以重视。兄弟，是一母所生，外表不同，而气息相通的人。在他们小的时候，父母左手拉一个，右手牵一个；这个扯着父母的前襟，那个拉住父母的后摆；吃饭是用同一张餐桌，穿衣是哥哥传给弟弟，学习是弟弟用哥哥的课本，游玩是在同一个地方。即使是悖礼胡来的人，兄弟间也不会不相互爱护。"

　　汉字中的"悌"字，篆文为𢟪，意为心中有弟，即兄弟间彼此诚心相互友爱之意。《说文解字》说："悌，善兄弟也。从心，弟声。"

　　"悌"的本义是敬爱兄长，亦泛指敬重长上，后引申为"和易"之意。如"恺悌",指和乐平易;"悌睦",指和睦。"悌"又同"体",表亲近的意思。如"悌己人",指亲信;"悌友",指兄弟姊妹间亲密和睦。

在中华传统文化中,"悌"总是紧跟在"孝"后面,"孝悌"是连在一起的。孔子在《论语》中说:"弟子入则孝,出则弟,谨而信,泛爱众,而亲仁。"意思是说:"弟子们在家孝顺父母,出外顺从兄长,言语谨慎,为人诚信,博爱众人,这样就接近了仁。"孝,是对父母之爱;悌,对兄弟之情。由兄弟之情进而推之就是博爱众人,所谓"四海之内皆兄弟也"。

具体到实际生活中,应如何做到"敬长尊上,礼让兄长"?清代李毓秀所作《弟子规》的"出则悌"篇,梳理了一些具体标准:"兄道友,弟道恭,兄弟睦,孝在中。"意思是说:"做哥哥的要爱护弟弟,做弟弟的要尊重哥哥;兄弟之间要和睦相处,这其中包含了孝道。"悌主要体现为相互爱惜。悌,心在弟旁,既可理解为"弟弟的心",即视己为弟,心中有兄;也可理解为"兄心中有弟"。辩证来说,"悌",即弟者心中有兄、兄者心中有弟。"悌"所提倡的是兄友弟恭,互敬互爱,兄弟姐妹之间和睦相处,就是年轻者应该对年长者有敬爱之心、孝顺之心，而年长者要对年轻者有慈爱之心、关怀之心。伯牙、叔齐就是广为流传的兄友弟恭的典范。

商朝末年，孤竹国的国君偏爱第三个儿子叔齐，希望将君主之位传于叔齐。但当他去世后，叔齐却不恋权势，希望依照嫡长子继承制的原则，尊长兄伯牙为新任君主。可伯牙也不肯继位国君，他认为应当顺从父亲遗愿，由三弟叔齐继位。由于彼此谦让，两兄弟先后避走他乡，宁愿流落异国也不愿与自己的亲兄弟争抢国君之位。

如今，兄弟姐妹仍然是家庭中重要的人伦关系，俗话说，血浓于水，血脉相连，亲情依然是人们相互之间割不断的纽带。在关键时刻，兄弟姐妹往往是最值得信赖的人，是能为自己挺身而出的人。为此，兄弟姐妹之间要心有爱，言有温，行为礼，利相让，多沟通，多谅解，多走动，相互陪伴走好人生路。

（二）仁爱立心

颜之推认为，教育孩子要让其宅心仁厚，心地善良，使仁善成为一个人的本质和底色。《颜氏家训·归心》说："儒家君子，尚离庖厨，见其生不忍其死，闻其声不食其肉。高柴、折像，未知内教，皆能不杀，此乃仁者自然用心。含生之徒，莫不爱命；去杀之事，必勉行之。好杀之人，临死报验，子孙殃祸，其数甚多，不能悉录耳……"意思是说："儒家的君子，尚且远离厨房，看见活的生物，不忍心见到它们被杀死，听到动物被宰杀时的惨叫，就不忍心吃它们的肉。高柴、折像二人，不懂得佛教教义，却都能不杀生，这是仁爱之人天生的善心使然。一切生灵，没有不爱惜自己生命的，必须尽力使自己避开杀生之事。喜欢杀生的人，死时会遭到报应，还会祸及子孙，这样的例子很多，我不能一一记下来……"

《颜氏家训·归心》还说："世有痴人，不识仁义，不知富贵并由天命。……慎不可与为邻，何况交结乎？避之哉！"意思是说："世上有一种无知的人，不懂得仁义，也不知道富贵都是由上天注定的。千万不可以与这种人做邻居，更何况与他交朋友呢？还是避开他们吧！"

汉字中的"仁"字，甲骨文为ᠠ，小篆为ᠠ，皆从人，从二，会"二人相亲近，以人道相待"之意，即对人亲善、同情、友爱。

《说文解字·人部》说："仁，亲也。从人，从二。"《礼记·经解》说："上下相亲，谓之仁。""仁"的本义是以人道待人，对人亲善、仁爱。

"仁"是儒家伦理哲学的中心范畴和最高的道德准则。孔子讲"仁、义、礼、智、信"，这"五德"之中"仁"居首位。"仁"的价值是其他价值的基础，如果没有"仁"，"义"可能变成莽撞，无情义可言；"礼"会成为形式主义和虚情假意；"智"会变成耍小聪明，不是大智慧；"信"会变得教条、古板。"仁"是人生追求的最高价值。孔子认为，人的行为都应从"仁"出发，当生命与"仁"发生冲突时，不惜"杀身成仁"。孔子又认为，"仁"是基于血缘关系而又超越这种关系的人与人之间的真诚友爱，为此，他提出"忠恕"原则。曾参说："夫子之道，忠恕而已矣。"孔子的学说，用两个字来概括就是"忠"和"恕"。"忠"是对国家、国君、事业、朋友忠；"恕"是对一切人恕。孔子认为，"仁"始于"爱亲"之心，说"孝弟也者，其为仁之本与"，即孝悌是仁德的根本。一个人应在家孝敬父母，出外尊敬长辈，推己及人，推家及国。"仁"的内在要求是"恭、宽、信、敏、惠"。这五种行为表现为"利他"的仁道。

"仁"也是一种人道主义情怀。"仁"来自人的本性。"仁"从人，这表示仁来自天性，是人所具有的本质要求，也是与动物的最大区别，还是做人的基本准则。孔子说，立己立人要"志于道、据于德、依于仁、游于艺"。这个仁有体有用，仁的体是内心的修养，表现在外则是爱人、爱物。"依于仁"就是依傍于仁，要有爱心，爱人、爱物、爱社会、爱国家，直至爱自然、爱世界。孟子在孔子仁说的基础上提出了著名的仁政说。他认为，人皆有仁爱之心，即不忍人之心，主张"以不忍人之心，行不忍人之政，治天下可运之掌上""亲亲而仁民，仁民而爱物"，其实质就是爱民，使人民安居乐业。《庄子·天地》说："爱人利物谓之仁。"康有为说："仁者，在天为生生之理，在人为博爱之德。"

明代直臣方孝孺说："交善人者道德成，存善心者家里宁，为善事者子孙兴。"

颜之推强调要敬畏生命，从小培养孩子的慈悲之心、怜悯之心、同情之心，从爱护动物开始，珍惜生命，关爱家人，关爱他人，关爱天下万物。而对不识仁义之人，不要与其为邻，更不能结交为朋友。

（三）礼教立身

中国素有"礼仪之邦"的美誉，对礼仪的重视一直为人所称道。

古代对人的教育主要有"六经"：首先是《诗》《书》，主要是文字的教育；然后是《礼》《乐》，这是行为的训练、情操的陶冶；最后是《易》《春秋》，读哲理，讲历史，微言大义。《礼》作为一个重要的内容，其功用在于训导人们的行为，让人举止、仪态皆有风范和节制。知书达礼，不但体现了一个人的形象、素养，而且关系到一个民族、一个国家的形象。有人认为传统的礼仪是繁文缛节，加上利益教育的缺失，导致一些人不知礼、不守礼，甚至对待长辈言谈举止失范。著名相声演员郭德纲有一条谈"规矩"的微博曾在网上引起热议，有很多人跟帖表达对于现在年轻人缺乏礼仪的看法。郭德纲的微博原文是："一日与师哥王少立先生聊天，提起我儿麒麟一劲夸奖。'少爷挺懂事。''怎么呢？''每次见面都知道站起来打招呼。''这不应该的吗？''唉，现在的孩子们净不懂规矩的。'……"在郭德纲看来，见到长辈站起来打招呼是理所当然的。王少立先生之所以会夸奖，正是因为这种现象稀缺吧。

古人云："中国有礼仪之大，故称夏；有服章之美，谓之华。""礼"是中华文化的标志之一，颜之推在《颜氏家训·风操》中开篇即说"吾观《礼经》，圣人之教：箕帚匕箸，咳唾唯诺，执烛沃盥，皆有节文，亦为至矣""学达君子，自为节度，相承行之，故世号士大夫风操"。他把礼敬视为士大夫之风操。

颜之推在《颜氏家训·风操》中管窥北朝社会的称呼避讳现象和其他社会风尚，对南北方文化风俗均作了生动而翔实的描绘，让我们不仅得以了解那个时代的婚姻、丧葬、交际、家族、礼仪等社会生活的方方面面，对古代士大夫的门风节操也有了一定认识。当然，我们不主张完全效仿古代，只是要借此汲取古代一些重视礼仪风俗的精华，对于传统中好的东西，我们要继承并发扬光大，而对一些完全不适应当今社会的礼仪风俗也应该摒弃。对于如何"以礼立身"，颜之推强调如下几个方面：

第一，要学会称谓和避讳。

我们先来说说称谓。中国古人一般都有"名"有"字"，"名"通常是一生下来就取，"字"则是二十岁行冠礼时再起的。那么，"名"和"字"有什么区别呢？颜之推在《颜氏家训·风操》中说："古者，名以正体，字以表德。名，终则讳之；字，乃可以为孙氏。"原来，古时候名用来表明本身，字则用来表明品德。名在死后要避讳，字却可以作为子孙的氏。

颜之推接着给我们举了很多例子：孔子的弟子在记事时，都称他为"仲尼"；吕后在微贱的时候曾经以汉高祖的字"季"称呼他；汉代的爰种称他叔父的字"丝"；王丹与侯霸的儿子交谈时，称侯霸的字"君房"。可见，字是完全不用避讳的。而尚书王元景兄弟俩都号称名人，他们的父亲名"云"，字"罗汉"，他俩对父亲的名和字一概加以避讳，就显得过了。我们现在既没有对名与字加以严格限定，在称谓上更加不拘小节。然而古代人对称谓的重视，从流传千年的避讳风气可窥一二。

颜之推所在的北朝存在着比较严格的避讳风气，这是现在的我们难以想象的。讳，又称名讳，即古代帝王或尊长之名。"讳，忌也。"（许慎《说文解字》）古时，对帝王或尊长，即使是已故的帝王或尊长，也不能直呼其名，以此表示敬重。凡遇帝王或尊长之名，必须回避使用该字，即为避讳。"避讳为中国特有之风俗，其俗起于周，成于秦，盛于唐宋，其历史垂二千年。"（陈垣《史讳举例》）不仅是北朝，我国古代几乎每个朝代都很注重避讳，当然其中不乏一些现在看来完全没有必要的繁文缛节。《世说新语·任诞》提及东晋权臣桓玄的故事，说他有一次跟朋友喝酒，因对方不能喝冷酒，便让左右把酒"温"一下，这就不小心犯了他父亲桓温的讳，他因此惭愧地哭起来。

颜之推对于一些过于避讳、避讳不当的事也是持否定态度的。《颜氏家训·风操》中说了几个故事：梁朝的谢举声誉不错，但是他一听到别人称呼父母的名讳就会痛哭，因此被人讥笑。梁朝的臧逢世刻苦好学，品行端正。其父名为"臧严"。梁元帝萧绎时任江州刺史，派他去建昌督办公事。都县的百姓都抢着给他写信，信早晚汇集，多得堆满了桌案。他只要看到信上写有"严"字的，一定会对信流泪，不复函，公事常因此得不到处理，这引起了人们的责怪怨恨。臧逢世最终因避讳影响办事而被召回。这些故事都是把避讳之事做过头了。

古代注重避讳是于礼考虑，实际上却给生活造成了诸多麻烦，有些行为在我们现代人看来是极其可笑的。如先秦文献中记载了一种鸟，称为"雉"。西汉时，因吕后名"雉"，这种鸟便只得改称"野鸡"。唐高祖的祖父叫"李虎"，故唐代不能称"虎"，于是，虎便被"兽""彪""龙"等字所替代。"不入虎穴，焉得虎子"遂变成"不入兽穴，焉得兽子"；"画虎不成反类犬"则成了"画龙不成反类犬"。

避讳现象的缘起反映了我国古代专制制度、等级制度和宗法思想对人们生活的影响，现在已基本摒弃，只保留了其中所隐含的尊贤敬老的传统美德。在现实生活中，有些需要避讳的地方还是要注意，如前文提到现在有些年轻人对长辈礼仪缺失的现象。对长辈、老师、上级都不可呼其姓名，其实这也是一种避讳，是为了表示尊敬。而称谓方面，在扬弃古代称谓的基础上逐渐形成了一套属于我们现代人的称谓方式，其中诸多礼节也是需要重视的。所有这些引申开来，其实就涉及现在整个待人接物的礼仪，简单地说就是一种律己、敬人的行为规范，既是表现对他人尊重和理解的过程和手段，也是自身的一张隐形名片。乘车让座、遵守排队秩序、爱护公共财产都是文明礼仪。文明礼仪不仅是个人素质、教养的体现，也是个人道德和社会公德的体现。那么我们能从古代对称谓和避讳的重视中挖掘到哪些即使在现代依然适用的东西呢？

在称谓上，我们现在称呼对方的代词只有"你"和"您"，而在古代，虽然有"汝、尔、若、而、乃"等好几种称法，但古人在和长辈说话时却很少用到这些词，而是用更礼貌的表示尊敬的称呼。我们现在不必照搬古代的尊称，但是和长辈相处时有些场合还是要注意尊称，如对别人的父母可称"令尊""令堂"。与人交谈时若说到与对方有关的行为、事物时尽量使用尊敬、委婉的说法，如询问别人的姓、名时使用"贵姓""大名"等词。待人接物上也要注意，如请别人保存自己的赠礼要说"惠存"。生活中的小细节也可以体现一个人的涵养、素质。古代说"我"有"余、吾、予、朕、台、卬"等好几种说法，但古人对长辈或平辈说话时都会使用谦称，如自称"鄙人、小人、愚、愚弟"等。我们现在生活中虽很少使用谦称，但其也是不可或缺的，如给长辈写信时提到自己，一般不直接说"我"，而以自己的名字代替，又如提到自己的亲属，可说"家父""家母"等。

现在一些年轻人认为，与长辈相处时只要内心尊重就行，不必拘泥于形式，甚至有些年轻人觉得刻意与长辈寒暄显得很"假"，这种想法既是现在的年轻人"个性"发展使然，也和家长们没有引导、重视孩子青少年时期的礼仪教育有关。现在的孩子大多是独生子女，在家里就是"小皇帝""小公主"，爷爷奶奶围着团团转。有些孩子动不动就对自己的爷爷奶奶呼来喝去，而有些家长对此觉得孩子还小不必呵责，长此以往，孩子自然变得骄横，不懂礼貌了。

第二，要尊重传统丧葬习俗。

颜之推在《颜氏家训·风操》中对于当时的南北方文化风俗均作了生动而翔实的描绘，这些风俗涉及当时的婚姻、丧葬、交际各方面。涉及交际和婚姻的礼仪在此不多谈，只重点谈谈我国的丧葬习俗。在丧葬习俗方面，颜之推详尽写道，当时南方人每到冬至、岁首这两个节日就不到有丧事的人家里去，如果不写信吊唁，就等过了节再亲自前往拜访，以示慰问。江南的风俗有：

凡是人遭重丧，如果是好朋友，又在同一城邑的，三天之内不去吊唁，丧主便会与之绝交。当然如果事出有因，如因为路途遥远未来吊唁，写一封书信寄来就可以了。这里体现了我国古代对丧葬传统的重视。

中国古代的丧葬制度包括埋葬制度和居丧制度，居丧制度还可分为丧礼制度和丧服制度。无论是埋葬制度还是丧礼制度、丧服制度，都具有等级分明、形式繁缛这两个显著特点，这是我们要摒弃的。但是，古代丧葬习俗也体现了我们民族对传统、对祖先的尊重，这是值得肯定的。如《礼记》中说"父忌不乐"，就是指父母的忌日不娱乐，即使在今天我们也是这样。

第三，要学会适度开玩笑。

《颜氏家训·风操》说："昔刘文饶不忍骂奴为畜产，今世愚人遂以相戏，或有指名为豚犊者：有识傍观，犹欲掩耳，况当之者乎？近在议曹，共平章百官秩禄。有一显贵，当世名臣，意嫌所议过厚。齐朝有一两士族文学之人，谓此贵曰：'今日天下大同，须为百代典式，岂得尚作关中旧意？明公定是陶朱公大儿耳！'彼此欢笑，不以为嫌。"意思是说："东汉的刘文饶不忍心奴仆被骂畜生，现在那些愚人们，却拿这类字眼互相开玩笑，还指名道姓地称别人为猪儿牛儿的，有见识的旁观者，都恨不得把自己的耳朵捂住，何况那当事人呢？最近我在议曹参与商讨百官的俸禄标准问题，有一位显贵，是当今名臣，认为大家商议的标准过于优厚了。有两位原齐朝士族的文学侍从便对这位显贵说：'现在天下已经统一了，我们应该给后世树立典范，哪能再沿袭旧朝的老规矩呢？明公如此吝啬，一定是陶朱公的大儿子吧！'彼此你欢我笑，竟丝毫不觉得嫌恶。"

风趣幽默在人际交往中可以活跃气氛，适当开开玩笑，可以缩短人与人之间的距离。但是必须适度，必须尊重他人的人格、隐私，更不能拿别人的缺陷开玩笑。有些人喜欢用动物给他人起绰号。正如颜之推所说的，指名道姓称别人为"猪、牛"。还有些人开低俗甚至下流的玩笑，如把别人称为"陶朱公的大儿子"。凡事物极必反，玩笑开过了头，就失去了幽默，只剩下粗野的言辞，成为伤人的利剑，让人感到厌恶，甚至使朋友之间反目成仇，这是没有教养的"无礼"行为，颜之推在这里告诫子孙要引以为戒。

第四，要学会礼尚往来。

《颜氏家训·风操》说："南人冬至岁首，不诣丧家；若不修书，则过节束带以申慰。北人至岁之日，重行吊礼；礼无明文，则吾不取。南人宾至不迎，相见捧手而不揖，送客下席而已；北人迎送并至门，相见则揖，皆古之道也，吾善其迎揖。"

颜之推在这里讲述了南北方不同地方的礼俗，他赞许北方人迎送客人都到门口，相见时躬身为礼，这种待客之礼是双向的。迎来送往，以礼相待，你敬我一尺，我敬你一丈。

第五，学会礼贤下士。

《颜氏家训·风操》说："昔者，周公一沐三握发，一饭三吐餐，以接白屋之士，一日所见者七十余人。晋文公以沐辞竖头须，致有图反之诮。门不停宾，古所贵也。失教之家，阉寺无礼，或以主君寝食嗔怒，拒客未通，江南深以为耻。黄门侍郎裴之礼，号善为士大夫，有如此辈，对宾杖之；其门生僮仆，接于他人，折旋俯仰，辞色应对，莫不肃敬，与主无别也。"

颜之推在这段话里讲了两个意思：

一是居上位者要礼贤下士。一般来说，位卑者往往会对位尊者给予礼遇，而位尊者往往会居上而骄，轻慢位卑者。颜之推在这里举了正反两个例子：正面的例子是周公居上不骄，愿意随时中断沐浴、用餐，以接待来访的贫寒之士，曾经一天接见了七十多人。反面的例子是晋文公以正在洗头为借口拒绝接见下人竖头须，以致招来图反的嘲笑。他想告诉人们，有地位、有学识、有财富的人，切不能自以为高人一等，瞧不起别人。虽然人与人之间的地位、财富、学识是有差别的，但人格是平等的，都应以礼相待。

二是不仅要求自己，也要让身边的人以礼待人。古代有些士大夫之家，其家奴仗着主人的威势，往往飞扬跋扈，比主人还无礼。颜之推在这里称赞黄门侍郎裴之礼是士大夫的楷模，如果家中有不讲礼貌的门人，他会当着家人的面用棍子抽打。因此，他的门子、童仆在接待客人的时候，进退礼仪，表情言辞，无不严肃恭敬，与主人没有两样。这就说明，作为上级领导，要特别教育好身边的人学会以礼待人。

第六，要学会礼貌待人。

颜之推说："吾观《礼经》，圣人之教：箕帚匕箸，咳唾唯诺，执烛沃盥，皆有节文，亦为至矣。"意思是说："我看《礼经》上面记载着圣人教诲：为长辈清扫秽物时怎样使用簸箕、扫帚，进餐时怎样使用汤匙、筷子，怎样应对得体，怎样持烛照明，怎样侍奉长辈盥洗。这些在《礼经》中都有一定的节制规范，说得也十分详细。"

在颜之推看来，人与人之间要以礼相待，礼发自于内心的敬，表现为礼貌、礼仪。日常生活中的衣食住行、言谈举止，都要遵守一定的规范。在这方面，丰子恺为我们作出了示范。

丰子恺（1898—1975），我国著名的画家、文学家、美术和音乐教育家，曾任上海中国画院院长、中国美术家协会上海分会主席，出版有许多关于美术和音乐方面的作品。

丰子恺不仅是一个大艺术家，也是一个谦谦君子，更是一个善于教育孩子的好父亲，他教育孩子从小要懂得礼仪、礼貌。

丰子恺的儿子丰陈宝小时候很守规矩，但特别害怕见生人，因此在客人面前常常显得不太懂礼貌。丰子恺觉得，小陈宝之所以这样，恐怕是因为他平时很少接触生人，缺乏见识和与人沟通方面的训练。于是，他就利用一些外出的机会带着小陈宝出去见世面。

有一次，丰子恺到上海为开明书店做一些编辑工作，把小陈宝也带去了。那时，小陈宝刚刚十三四岁，已经能帮着抄抄写写、剪剪贴贴了。丰子恺带着他，一方面是为了先让小陈宝实习，另一方面也想给他一个接触生人的机会。有一天，来了一位小陈宝不认识的客人。客人跟丰子恺说完话准备告辞的时候，看到了小陈宝，就转过身来与小陈宝热情地打招呼。小陈宝一下子愣住了，一时间不知道如何是好，竟没有任何反应，呆呆地站在那里，像个木头人似的。送走了客人，丰子恺责备小陈宝说："刚才那位叔叔跟你打招呼告别，你怎么不理睬人家？人家向你问好，你也要向人家问好；人家跟你说再见，你也要说再见，以后要记住。"

丰子恺在平时生活中经常告诉孩子们要对人有礼貌，还非常具体细致地给孩子们讲解礼仪，也就是待人接物的具体礼节和仪式。每逢家里有客人来的时候，丰子恺总是耐心地对孩子们说："客人来了，要热情招待，要主动给客人倒茶、送茶、添饭、送饭，而且一定要双手奉上，不能只用一只手。如果用一只手给客人送茶、送饭，就好像是皇上给臣子赏赐，或是给乞丐施舍，又好像是父母给孩子喝水、吃饭，这是非常不恭敬的。"他还说："要是客人送你们礼物，可以收下，但你们接的时候要躬身双手去接。躬身，表示谢意；双手，表示敬意。"这些教导，都深深地印在孩子们的心里。

只知道对人要有礼貌是不够的，还要知道如何表现出礼貌。具体的礼节和仪式非常重要，父母们不能忽视在这方面的指导。丰子恺对孩子们进行的礼仪指导，对今天的父母们如何教育孩子是很有启发的。

（四）勤俭立行

培养子女勤勉与节俭的品格，其实是锻炼其生活能力，以形成正确的"财商"。勤劳是一个人成长的起点，节俭则可培养其爱惜财物的品格。

颜之推主张"施而不奢，俭而不吝"，他在《颜氏家训·治家》中说："孔子曰：'奢则不孙，俭则固。与其不孙也，宁固。'又云：'如有周公之才之美，使骄且吝，其余不足观也已。'然则可俭而不可吝已。俭者，省约合礼之谓也；吝者，穷急不恤之谓也。今有施则奢，俭则吝；如能施而不奢，俭而不吝，可矣。"意思是说："孔子说：'奢侈了就不恭顺，节俭了就固陋。与其不恭顺，宁可固陋。'又说：'周公虽有那样的才、那样的美，但只要他既骄傲又吝啬，余下的也就不值得称道了。'这样说来，是可以俭省而不可以吝啬了。俭省，是合乎礼的节省；吝啬，是对困难危急也不体恤。当今常有讲施舍就成为奢侈，讲节俭就成为吝啬。如果能够做到施舍而不奢侈、俭省而不吝啬，那就很好了。"

　　颜之推在这里强调要俭以养德，力戒奢侈浪费。历史上，司马光虽位高权重，但严于教子，也注重培养子女勤俭持家的人生态度。他写了一篇传诵至今的《训俭示康》，总结了历史上许多达官显贵之子，因受祖上荫庇不能自立自强而颓废没落的教训。他告诫其子，"有德者，皆由俭来也""俭以立名，侈以自败"。由于教子有方，司马光之子个个谦恭有礼，不仗父势，不恃家富，人生有成。世人有"途之人见容止，虽不识，皆知司马氏子也"之说。

　　这些事例不难证明，我国自古就以勤俭作为修身立行的美德。《左传·庄公二十四年》说："俭，德之共也；侈，恶之大也。"《尚书》说："惟日孜孜，无敢逸豫。"《左传》引古语说："民生在勤，勤则不匮。"古人认为，能否做到勤俭，是关系到生存败亡的大事，不可轻忽。秦、隋就因为骄奢，短暂而亡，所以说"忧劳可以兴国，逸豫可以亡身"。但是现在社会上存在着"未富先奢"的现象，出现奢靡浪费、炫耀攀比之风，其中不少还是年轻人所为。中国已成为奢侈品消费大国，其中很大一部分购买力就来自年轻人。我们并不排斥奢侈品，但是当下很多年轻人过度消费，在购买力不足的情况下会为了面子借贷购买奢侈品，这是不可取的。

提倡节俭并不意味着吝啬，尤其是在当今社会，经济发展水平和物质消费观念已经发生很大的变化，经济的发展要依靠消费这架马车来拉动。但是消费应适度，过度消费就是浪费。如今，"舌尖上的浪费"还是很严重的，有的接待宴会，菜吃一半、倒一半。此外，有的会议庆典，讲排场，过度包装；有的楼堂场馆，贪大图洋、气派非凡。勤俭作为一种传统美德还是应该大力提倡的。尤其是面对当今一些不良风气，提倡节俭契合实际。

现在的家庭大多只有一个孩子，父母溺爱孩子，极力满足孩子物质需求的不在少数。很多家长都说："我们那个时候吃过苦，不想孩子再吃苦。"但是家长们也应明白物极必反的道理，长此以往，让孩子养成了骄奢的坏习惯，反而是害了孩子。因此，对孩子的教育要确立"穷养"的观念，防止其未富先奢。

比尔·盖茨虽然很富有，但他非常重视培养孩子勤俭节约的品德。

比尔·盖茨有三个子女，他们一直保持神秘低调，极少在公众视野中露面，其实他们个个都很优秀。据说盖茨夫妇有规定，三个孩子在14岁之前不允许使用手机，不能吃麦当劳食品，不许戴卡西欧电子表。虽然家境富裕，但是盖茨一家仍然保持着勤俭节约的好习惯，给孩子们的零花钱非常少，还需要他们以分担家务的方式来换。孩子们因此养成了节俭、勤奋的品德。

二、学识教育——让孩子在知识的海洋中畅游

颜之推的家教理论，一方面要求孩子学会做人，这主要是指养成良好的品德；另一方面要求孩子学会做事，这主要是指让孩子通过读书学习增长才干，这实际上就是我们今天讲的智商。

重视读书是中华民族的优良传统。中国民间就有很多关于读书的格言："少壮不努力，老大徒伤悲"，教

导我们读书要趁早；"书山有路勤为径，学海无涯苦作舟"，告诉我们读书须勤奋。我国历朝历代的家教经典都把读书作为重中之重。颜之推在《颜氏家训·勉学》中更是以大量的篇幅阐述了读书的道理，指出读书是一生的事业，是立身之本，学习不可闭门造车，要有求实精神等，可谓面面俱到，苦心孤诣。

颜之推在《颜氏家训·勉学》中说："自古明王圣帝，犹须勤学，况凡庶乎！"意思是说："自古那些贤明的帝王尚且必须勤奋学习，更何况平常的老百姓呢？"

他这是在教导后人：自古明王圣帝无不勤奋好学，普通士子更应该勤勉于学。魏晋以来的玄虚学风令颜之推十分忧虑。他痛斥南朝士族子弟的不学无术，讽刺那些不切实际的高谈阔论者，希望后人用功学习，成为有益于国家、社会的人。他认为，即使衣食无忧，也不该饱食终日，无所用心。腹无经书，将自取其辱。

颜之推认为，读书求学是人的安身立命之本。"夫所以读书学问，本欲开心明目，利于行耳"，可通过读书来开阔眼界，明白事理，完善人格，提升人生境界。

颜之推说，读书的本质是向古人学习：不知道如何侍奉父母，可以学习古人如何与父母交谈，如何体察父母心意，进而反省自己，尽心孝敬父母；不了解如何忠君报国，可以学习古人如何忠于职守、以诚待君，如何临危受命、守节不屈，从而激发效法先贤的爱国热情，如此等等。他还强调，通过读书学习，即使不能完全做到古人的程度，也至少可以改掉自己的毛病。只要是学习所得，用在哪一方面都会见到成效。

读书可以丰富人的心灵，提高人的素质，培养高雅的气质。颜之推强调，读书求学是增长才干的唯一途径。他指出："积财千万，不如薄技在身""有学艺者，触地而安"。也就是说，有学识、有技艺的人，走到哪里都可以站稳脚跟。他把读书当作最实用的技艺，作为安身立命的根本。

颜之推反对从功利主义角度出发去看待读书。他对读书无用论进行了驳斥。对读书的诘问和质疑，在颜之推那个时代也有。有客人问颜之推："我见到有的人依靠刀剑诛灭有罪之人而成为公侯；有的人因为熟读经史匡正时弊而位至卿相；但还有一些人学贯古今却未能有一官半职，连妻儿也不免饥寒，这样的人数不胜数，如此看来，怎么能说只有通过读书才能使人富贵呢？"颜之推回答说："身死名灭者如牛毛，角立杰出者如芝草。"

意思是说："身死名灭者多如牛毛，出类拔萃者则少如芝草。"我们现在也能看到一些未经努力读书便可获取富贵的人，但那只是极少数。我们不能以他们作为自己不读书的借口。"苦辛无益者如日蚀，逸乐名利者如秋荼。"也就是说，辛辛苦苦读了一辈子书，却一点都没有享受到读书的好处，这样的人毕竟像日食一样少，而名利双收、生活安逸的人，却像草一样多，为什么大家没有看到这一点呢？

现在的社会很多人都在追求财富和名利，所谓"世人熙熙，皆为利来；世人攘攘，皆为利往"。对名利的追求是人之常情，无可厚非，然而财富这东西是生不带来死不带去的，并不一定能长久属于你。什么东西才是可以真正拥有，谁也抢不走的呢？只有知识。

颜之推通过总结个人经验，提出了在今天仍然有现实意义的学识教育方法。这个学识教育方法，概括起来有如下几个方面：

（一）要有虚心向学的态度

态度决定了一个人学识的深度和广度。虚心的人总会感到自己的学识和能力不足，如饥似渴地学习。为此，颜之推把虚心向学作为教育孩子增长学识的前提。

《颜氏家训·勉学》说："夫学者所以求益耳。见人读数十卷书，便自高大，凌忽长者，轻慢同列。人疾之如仇敌，恶之如鸱枭。如此以学自损，不如无学也。"意思是说："人只有不断学习，才能不断充实自己、提高自己。假如多读了那么几本书，便飘飘然，自高自大，冒犯长者，轻慢同辈，人们就会像对仇敌一般憎恶他，像对鸱枭一般厌恶他。像这样用学习来损害自己，还不如不学。"晏子就是一个虚心向学的典范：

春秋时期，齐国的晏子非常好学，只要是有知识、有才能的人，他都去拜其为师，虚心求教，博采众长，相传他"先师百人"。因此，他学识渊博，能言善辩，成了名臣。他多次代表齐国出使他国，不辱使命，捍卫了国家尊严。"晏子使楚"的故事便是外交史上的一段佳话。

如今，许多家长很重视对孩子的智力开发，孩子的智力发育很快，甚至出现了"神童"。作为家长，要防止两种倾向：一种是"棒杀"，对学习不努力的孩子以棍棒罚戒；另一种是"捧杀"，对孩子的学习成绩津津乐道，这样会助长孩子的虚荣心和自我满足感。曾经发生过被称为"天才少年"的孩子，后来由于不虚心学习，长大后没有什么建树。

（二）要有勤奋勉学的精神

学识的增长要靠勤奋的精神。俗话说："学海无涯苦作舟。"学习其实不是一件轻松的事情，虽然人有天赋的差别，但学识的增长最根本的还是靠勤奋。颜之推在《颜氏家训》中列举了许多勤奋学习的事例："古人勤学，有握锥投斧，照雪聚萤，锄则带经，牧则编简，亦为勤笃。梁世彭城刘绮，交州刺史勃之孙，早孤家贫，灯烛难办，常买荻尺寸折之，然明夜读……义阳朱詹，世居江陵，后出扬都，好学，家贫无资，累日不爨，乃时吞纸以实腹。寒无毡被，抱犬而卧，犬亦饥虚，起行盗食，呼之不至，哀声动邻，犹不废业，卒成学士，官至镇南录事参军，为孝元所礼。此乃不可为之事，亦是勤学之一人。"意思是说："古代勤学的人，有用锥子刺大腿以防瞌睡的苏秦；有投斧于高树，下决心到长安求学的文党；有映雪勤读的孙康；有用袋子收集萤火虫用来照读的东武子；汉代的倪宽、常林耕种时也不忘带上经书；还有路温舒，在牧羊时就摘蒲草截成小简，用来写字。他们也算勤奋学习的人。梁朝彭城的刘绮，是交州刺史刘勃的孙子，从小死了父亲，家境贫寒无钱购买灯烛，就买来荻草，把它的茎折成尺把长，点燃后用来照明夜读……义阳的朱詹，祖居江陵，后来到了建业。他十分勤学。家中贫困无钱，有时连续几天都不能生火做饭，他就经常吞食废纸充饥。天冷没有被盖，他就抱着狗睡觉。狗也十分饥饿，就跑到外面去偷吃东西，朱詹大声呼唤也不见它回家，哀声惊动四邻。尽管如此，他依旧没有荒废学业，终于成为学士，官至镇南录事参军，为元帝所器重。这不是一般人所能做到的，也是一个勤学的典型。"

唐代文学家韩愈说："业精于勤，荒于嬉；行成于思，毁于随。"勤奋好学既是一种好的品质，也是通往成功的重要途径。有心理学研究表明，超常儿童和低常儿童在人群中的比例大概各占3%，绝大多数儿童智力发育正常。对绝大多数人来说，唯有勤奋才能知识渊博，有所作为。

司马光就是一个因勤奋好学而成才的典型。司马光砸缸的故事为人所熟知，他因小时候急中生智破缸救人，自古以来被人们视为"神童"。其实司马光小时候的机智乃至长大后成才，都与父母对他的教育有很大关系。

司马光从6岁开始读书。一开始，他对所学的东西不能理解，背书也记不住，同学们都背得滚瓜烂熟了，他却还没背出来。有些父母遇到这样的孩子，可能心里会偷偷地想："是不是这孩子天资不够？"有的甚至会当着孩子的面说："你怎么这么笨！"而司马光的父亲却没有这么做，而是耐心地鼓励他："读书，不能只是机械地背诵，还要勤于思考，明白其中的意思，诵读与理解并重。"司马光虽然家里富贵，却很懂事，别人玩耍时，他不去，而是一个人找个安静的地方继续读书，直到把书背得滚瓜烂熟，把文章的意思也弄明白为止。通过努力，他进步得非常快，再加上父亲的谆谆教导，他对学习的兴趣越来越浓厚。

7岁时，司马光开始学习《左氏春秋》，书不离手，句不离口，刚听完老师的课，他就能够明白文章的大意，转身便讲给父母听。司马光喜欢读书，渐渐地像着了迷一样，达到废寝忘食的程度。司马光长大后学富五车，成为名扬古今的政治家、史学家和文学家，离不开他父母的教育。

（三）要遵循由博到专的路径

颜之推认为，为学之道，要博专兼顾。学海无涯，要博学多问。他说："爰及农商工贾，厮役奴隶，钓鱼屠肉，饭牛牧羊，皆有先达，可为师表，博学求之，无不利于事也。"意思是说："即使是农夫、商贾、工匠、僮仆、奴隶、渔夫、屠夫、喂牛者、放羊者，他们中间都有在德行学问上堪为前辈的人，可以作为学习的榜样，广泛地向这些人学习，对人生是有好处的。"

颜之推还说："俗间儒士，不涉群书，经纬之外，义疏而已。"他强调读书要广涉群书，指出一般读书人不广泛涉猎，除了读经书和纬书之外，就只读注解儒家经典的著作。

学习贵知识丰富，忌孤陋寡闻。要上知天文，下知地理，中晓人事。要博览群书，不能浅尝辄止。博学是厚积的过程，博学是融通的基础。当下有些家长求专才心切，教育出来的孩子往往会偏科，其实文理之间是相互渗透、相互促进的。学理科的应该有人文修养，学文科的也应懂一些理科常识。

但只有博是不行的，博而不专可能变成"万金油"，也可能一事无成。为此在博学的基础上要专精，在某一领域有所发现，有所创造，有所成就。颜之推在《颜氏家训·省事》中说："铭金人云：'无多言，多言多败；无多事，多事多患。'至哉斯戒也！能走者夺其翼，善飞者减其指，有角者无上齿，丰后者无前足，盖天道不使物有兼焉也。古人云：'多为少善，不如执一；鼯鼠五能，不成伎术。'"意思是说："孔子在周朝的太庙里看见一个铜人，背上刻着几个字：'不要多说话，多说话多受损；不要多管事，多管事多遭灾。'这个教戒说得太好了。对于动物来说，善于奔跑的就不让它长出翅膀，善于飞行的就不让它长出前肢，头上长角的嘴里就没有上齿，后肢发达的前肢就退化，大概大自然的法则就是不让它们兼有各种优点吧。古人说：'干得多且能干好的少，那就不如专心地干好一件事；鼯鼠有五种本领，却都很难派上用场。'"

生命有限而学海无涯，一个人不可能获得一切知识。一个人的精力是有限的，一辈子从事几十个行业，不如专心从事一个行业。因此，要学会割舍其他的爱好，专心致志地做好一件事。假如贪大求多，四处出击，必然会分散精力，最终学无所长，徒自伤悲。

（四）要坚持学以致用的宗旨

学识，并不是用来摆门面，更不是为了炫耀自己，而是要用于生活，用于现实，用于促进社会进步。学识，归根到底要落实到"用"上，否则就会成为空谈，成为无用的东西。

针对南北朝时期的士大夫教育严重脱离实际的现象，颜之推在《颜氏家训·勉学》中说："世人读书者，但能言之，不能行之，忠孝无闻，仁义不足；加以断一条讼，不必得其理；宰千户县，不必理其民；问其造屋，不必知楣横而梲竖也；问其为田，不必知稷早而黍迟也。"意思是说："现在的读书人，只知空谈，不能行动，忠孝谈不上，仁义也欠缺；再加上他们审断一桩官司，不一定了解其中的道理，主管一个千户小县的人，不一定懂得爱护百姓；问他们怎样造房子，他们不一定知道楣是横放还是竖放；问他们怎样种田，他们不一定知道麦子要早下种而黄米要晚下种。"

魏晋以来，士大夫谈玄而不求务实之风太盛，颜之推对此深恶痛绝。他讽刺那些高谈虚论者，出则车舆，入则扶侍，讲究衣履，但议论起国家吉凶得失来，只会蒙然张口，如坐云雾，实为毫无用处之人。

颜之推在《颜氏家训·涉务》中批评道："吾见世中文学之士，品藻古今，若指诸掌，及有试用，多无所堪。"意思是说："我发现世上一些文学之士，评议古今，好像指点掌中之物一样简单，但真正让他们去处理实际事务时却大多不能胜任。"颜之推对于这些只知纸上谈兵的现象相当不以为然，他认为："士君子之处世，贵能有益于物耳，不徒高谈虚论，左琴右书，以费人君禄位也。"意思是说："大丈夫处身立世，贵在能够做一些有益于社会的事情，不能光是高谈虚论，无事弹琴写字，真是白白浪费了君主给他们的俸禄。"

颜之推在这里虽然是对当朝为官者作出批评，但是实际上，我们每一个人，在学习上都应该注意学以致用，就像有句诗说的："纸上得来终觉浅，绝知此事要躬行。"现在很多家长都很注意孩子的学习，砸钱让孩子上这个补习班学英语，上那个补习班学数学。我国现行的教育体制虽然还是以分数择校，但是已经慢慢向素质教育转变，孩子的分数不能决定一切，重视孩子各方面能力的培养，尤其是培养孩子独立自主的能力很重要。父母既要重视孩子的学历教育，又要重视孩子的能力培养。孩子既要会动脑，又要会动手，这样才是真正对社会有用的人。

（五）要有终身学习的毅力

颜之推认为，家教要及早。颜之推本人7岁时，便能背诵《鲁灵光殿赋》，年幼时背诵的东西即使到中年依然记得，而20岁以后背诵的经书，一个月不看就几乎荒废，于是他感慨道："人生小幼，精神专利，长大已后，思虑散逸，固须早教，勿失机也。"意思是说："人在年少时，精神专注敏锐，而长大成人以后，思想就容易分散，因此教育要及早安排，以免坐失良机。"他以自己的亲身经历来告诫子孙后代，教育要趁早。

那么，如果年幼时没有机会受到很好的教育，是不是就要从此放弃呢？当然不是。颜之推说："失于盛年，尤当晚学，不可自弃。"虽然"幼而学者，如日出之光；老而学者，如秉烛夜行"，但学习是一生的事业，"秉烛夜行，犹贤乎瞑目而无见者也"，秉烛夜行总比闭起眼睛什么也看不见好。但是，依然有很多年轻人，到了结婚或举行冠礼的年龄还没有学习，便自叹已经老了，来不及了，于是甘于无知。为了劝诫后人，颜之推举了历史上很多中年成才的事例：曾子70岁才开始学习，后来名闻天下；荀子50岁才到齐国游学，最后成为大儒；公孙弘40岁才开始专门研习《春秋》，最后位至丞相。

俗话说"活到老，学到老"，能够做到终身学习是很不容易的，但古今中外都不缺乏这样的人，学习对于他们不是负担，而是一生相随的幸福。

在离德国科隆不远的西比希城，有个叫"约翰娜·玛克司"的老人，人称"玛克司夫人"。1994年，七十高龄的玛克司夫人经过长达6年的刻苦攻读完成了学业，并且以优异的成绩获得了科隆大学的教育学硕士文凭。这对于一个年轻人来说尚且需要花费些精力，难以想象一个七十高龄的老人能做到这点。然而，这个老人还有更让人惊讶的举动呢！玛克司夫人在9年以后，也就是年近八十时，获得了科隆大学授予的教育学博士学位，而她长达200页的博士论文的题目就是"如何度过晚年——学习使老人永远充满活力"。

于光远是我国著名的经济学家，在经济学领域取得了辉煌的成就。他晚年花了大量的时间学习电脑，甚至在86岁的时候建立了自己的个人网站。一直爱好文学的于老在90岁之前还出版了多部著作，真可谓"夕阳无限好"了。

学习使老年人充满活力，年轻人难道不该珍惜精力旺盛的青年时期好好学习吗？

现代家教对孩子的学识教育除了以上五个方面以外，还要注意如下三个方面：

一是培养孩子的注意力。

家长大多重视孩子的学习，却往往忽视了孩子注意力的培养，而注意力恰恰直接影响学习。那么，应怎样培养孩子的注意力呢？

家长最好在孩子两三岁时，就给他一张固定的小桌子、小椅子，离成人交谈场合远一些，离电视、厨房也远一点，总之干扰愈少愈好。孩子一旦坐下来看书、玩玩具，就尽可能让他持续长一些时间，家里来了客人也不一定非要打断孩子。家长讲故事要专心讲，尽量让孩子集中注意力的时间长一点，不要刚讲几句又转到别的事情上，也不要随便中断。即使孩子捏陶人、做手工，也是大脑的连续活动，家长最好不要去干扰他的思维。这样能使孩子逐渐养成沉浸于内心活动的习惯，不容易分心。

孩子入学以后，家长要注意从一开始就培养他良好的学习习惯。比如，孩子写作业时，除了固定桌椅外，与学习无关的物品（如画册、小玩具等）一律撤除。准备学习用具、喝水、上厕所等琐事最好在孩子坐下开始写作业以前就提醒，这样做的目的是让孩子一坐下来就能很快进入思考状态。孩子坚持一段时间后，不但能提高学习效率，也有利于保持思维的流畅灵敏。

有的家长疼爱孩子不得法，会坐在孩子旁边削铅笔、递水、喂点心，这是完全错误的做法，甚至有的孩子被家长宠得做作业习惯极差，会一边写作业，一边提出各种要求，稍不如意就发脾气，威胁家长"我不做作业了"，哪里还谈得上注意力集中！有的孩子虽不一定离开座位，但连续用脑和书写的持续性差，一个问题不能在脑子里待久，思维很容易中断。有的家长坐在孩子身旁以督促孩子专心，可是孩子刚写一会儿，家长看见孩子的手脏，就说："你看你的手哟，怎么这样脏呀？"一会儿又说："你的头发长了，该理发了。"有的家长则远距离干扰，自己在厨房忙着，想起一件事就随便打断孩子，比如："今天带去的钱交给老师了吗？"孩子不得不分散注意力来回答。孩子受到这种反复的分心"训练"，结果养成注意力容易分散的坏毛病，这实在是家长之过。

那么，如果孩子的注意力已经比较涣散，该怎么办呢？注意力不集中的毛病纠正起来比较困难，也容易反复。但只要下决心去做，也并非做不到，只是家长要有足够的耐心。循序渐进的做法是：一开始家长给孩子定一个标准，要求不要太高。比如，想让孩子做到持续5分钟不分心，那么标准定在4分钟左右。若孩子持续专心时间达到了这个标准以上，家长就给予表扬。一般来说，读小学的孩子能够持续用脑15~30分钟，达到这个标准也就不算注意力不集中了。

还有一点必须提醒家长：孩子经过一段时间的训练后，注意力逐渐集中，作业完成比较迅速，这时家长切不能说"还剩这么多时间，再做一点吧"，又给孩子加练习。这样做的结果是暗示孩子作业做慢一点反而可以不加练习，又把孩子推回到拖沓状态。孩子有信心在短时间内完成作业，精力就集中，注意力也才能集中，这种状态非常宝贵，家长不要轻易破坏掉。

二是激发孩子的潜能。

天下的父母都希望自己的孩子有出息，成为有作为的社会精英人才。受智商、教育环境等许多因素的制约，每个人的发展差别很大，因而不能期待每个孩子将来都成为伟人、名人。要使孩子在其应能达到的高度发展，不扼杀孩子的潜能，这需要家庭、学校、社会、孩子本人四方面形成合力，使孩子这个主体的能力得到最大提升，充分调动能动性。纵观许多优秀人才的成长历程，家庭教育起着极其重要的作用。家长想帮助孩子成为优秀人才，就要善于开发孩子的智力、非智力及特长等方面的潜在能力，密切配合学校与社会将孩子培养成才。

从孩子成长发育整个过程来说，有些阶段是关键，如婴幼儿时期是孩子大脑发育的重要阶段，中小学时期是孩子心理、思想发展和形成的重要阶段，也是其养成良好行为习惯和学习文化知识的重要阶段。

这些关键阶段也是教育的最佳时期，家长要始终如一并持之以恒地教育并帮助孩子成长。如及时指导孩子面对社会上的各种诱惑，帮助孩子树立学习的信心，培养孩子坚强的意志力，针对孩子某方面的天赋特长下功夫培养。这里最重要的就是激发孩子的求知欲和对学习、生活的兴趣，使其有积极向上的强烈愿望，有正确的目标和方向。

三是培养孩子的兴趣。

人有巨大的潜能，需要唤醒和激发。兴趣是学习的动力，也是激发人潜能的途径。对幼儿来说，他们自制能力差，做事的目标和方向经常会随着兴趣的改变而改变。因此，只有以兴趣来正确引导幼儿，以兴趣为载体来开发幼儿的潜能，才是最有效和可实现的。

苏霍姆林斯基说过："所有的智力活动都依赖于兴趣。"因此可以说，兴趣是创造力的源泉。培养幼儿对科学的兴趣，能够激发幼儿的想象力和创造力，充分发挥其潜能。为此，必须注意如下几个方面：

（1）组织观察，引起兴趣，激发潜能。

乡间得天独厚的自然环境是幼儿极好的认识对象。观察是幼儿认识周围事物的最佳途径。家长要带孩子到大自然中去观察，还要积极引导幼儿在观察中思考、学习。如带领孩子认识蜗牛，要让孩子明白蜗牛为什么能爬，蜗牛的头为什么一碰就缩进去，蜗牛为什么有"房子"（壳）……启发孩子的想象力和探索精神。

（2）动手操作，培养兴趣，发展潜能。

为增强孩子对科学的兴趣，家长要善于让孩子学会动手操作，手脑并用，亲自去尝试、去体验。如带领孩子认识沉浮这一物理现象，可以给孩子提供一些会沉浮的材料，先让孩子试一试哪些材料会沉、哪些材料会浮，然后让孩子想办法使沉下去的材料浮起来、使浮在水面的材料沉下去。在这个操作过程中，不仅能激发孩子对物体沉浮的浓厚兴趣，还充分发挥了他们丰富的想象力和创造力。

（3）积极评价，巩固兴趣，升华潜能。

孩子由于其年龄特征，对任何事物都极易产生兴趣，但往往持续时间不长，经常"喜新厌旧""见异思迁"。要善于发现孩子刚培养起来的兴趣，对孩子进行积极评价是巩固其兴趣的绝佳途径。

以幼儿画画为例。为促使孩子稚嫩的心灵产生成功感、满足感，不管孩子画得怎样，都应予以表扬、鼓励。这种正面激励可以产生动力，激发其想象力，使其养成乐于想象、善于想象的良好习惯。也正因为巩固了兴趣，孩子的想象、创造潜能才会被充分挖掘，最终得以升华。

三、心理教育——让孩子拥有积极健康的心态

颜之推不但重视对孩子道德品质、学识素养的培育，而且关注心理健康和情绪管理，注重培育孩子乐观

向上、自尊自信、坚毅勇敢、知足常乐、谦虚谨慎的心理和心态。实际上，这里讲的是如何提高孩子的情商。

现代科学研究已经表明，情绪对一个人的健康起着决定作用。人的大多疾病受到自己的情绪影响。《黄帝内经》讲：恐伤肾、思伤脾、忧伤肺、喜伤心、怒伤肝。

颜之推较早关注儿童的情商教育，注重健康心智的培养，这方面对于今天的我们来讲意义重大。许多家长可能很关注孩子的德育、智育，往往会忽略情商，其实，情商对孩子的成长是至关重要的，注重对情商的培养可以改变"高分低能"的现象，情商对一个人的成功与否起着决定作用，是判定一个人是否优秀的重要标准。颜之推在这方面主要讲了如下三点：

（一）自尊自信

颜之推在《颜氏家训·省事》中说："君子当守道崇德，蓄价待时，爵禄不登，信由天命。须求趋竞，不顾羞惭，比较材能，斟量功伐，厉色扬声，东怨西怒；或有劫持宰相瑕疵，而获酬谢。或有喧聒时人视听，求见发遣；以此得官，谓为才力，何异盗食致饱，窃衣取温哉！"意思是说："君子应该谨守正道，推崇德行，蓄养声望以待时机，一个人如果官职俸禄不能往上升，那实在是因为天命。有人自己去索取奔走，不顾羞耻，与别人比较才能大小，衡量功劳高低，声色俱厉，怨这怨那；甚至以宰相的毛病相要挟，以获得酬谢。有人大声吵嚷，混淆视听，以求得被任用；靠这些手段得到官职，就说是有才能，这与偷盗食物来填饱肚皮、窃取衣服来求得温暖有什么区别呢？"

颜之推在这里告诉我们，要对自己的实力充满自信，是金子总会发光，只要是鲜花，不愁蝶不来，不要埋怨没有伯乐，而要积蓄德才。要坚守自尊、自爱，不能奴颜婢膝，更不能采取下九流的手段去要挟、恐吓，四处求官。人生有许多事可遇而不可求，人前显贵固然是一种追求，恬淡自然也是一种活法。

（二）少欲知足

如今，我们生活在社会生产力高速发展和物质财富日益丰富的时代。人皆有欲望，这是人之常情。但欲望有两重性，既是动力，又是陷阱。关键在于有所节制，适可而止。俗话说"人心不足蛇吞象"，人类的贪心是永无止境的。贪婪是人类的顽疾，欲望是一个无底洞，不少人因为欲望膨胀，抵抗不了诱惑而葬送了自己。

《礼记》云："欲不可纵，志不可满。"古人早就以自身经验给我们留下了至理名言。庄子也说过："鹪鹩巢于深林，不过一枝；偃鼠饮河，不过满腹。"意思是说："鹪鹩在深深的林子里筑巢，林子再大，也不过是占了其中的一根枝条；偃鼠到黄河里饮水，黄河再大，也不过是灌满自己的肚子。"也就是说，每个人真正的物质需要是很少的，不必过度追求物质享受。颜之推在《颜氏家训·止足》中更是以其切身体会告诫子孙后代："人生衣趣以覆寒露，食趣以塞饥乏耳。形骸之内，尚不得奢靡，己身之外，而欲穷骄泰邪？"意思是说："人生在世，穿衣服的目的是覆盖身体以免寒冷，吃东西的目的是填饱肚子以免饥饿乏力。形体之内，尚且不可奢靡浪费，自身之外，还要极尽放肆浪费吗？"

他还说，"宇宙可臻其极，情性不知其穷""唯在少欲知足，为立涯限尔"，告诫子孙在贪欲面前一定要"止足"，要与欲望划清边界。同时，父母在教育孩子的时候也要懂得知足的道理。

天地虽大，尚有其极；人心虽小，欲望无穷。贪婪历来是一个无底的深渊。许多人正因为私欲膨胀而走上犯罪的道路。所以说"欲不可纵"，要知足常乐，知足即止。作为家长，对孩子的期望值不宜过高，同时，对于孩子的需求和欲望不能过度满足，不能要什么就给什么，应让孩子从小学习适度控制欲望，特别是对物质享受更要予以节制。

明朝时有一个叫"胡九韶"的人，他家境贫困，一边教书，一边努力耕作，仅仅可以衣食温饱。然而每天黄昏时，胡九韶都要到门口焚香，向天拜九拜，感谢上天赐给他一天的清福。妻子笑他说："我们一天三餐都是菜粥，怎么谈得上是清福呢？"胡九韶说："我首先很庆幸生在太平盛世，没有战争兵祸；其次很庆幸我们全家人都能有饭吃、有衣穿，不至于挨饿受冻；最后很庆幸家里床上没有病人，监狱的囚犯没有我的亲人。这不是清福是什么呢？"

因为知足，故能看到自己拥有什么，从而感觉到幸福，这也是一种积极的生活态度。为什么现在的人幸福指数并不高呢？难道是因为生活条件差吗？事实上，我们的物质生活水平大多已经达到温饱，然而随着生活水平的提高，人的欲望也在提升，反而觉得自己拥有的少了，也就体会不到幸福。其实，少欲知足、适可而止是一种快乐的生活态度，林语堂在《中国人的智慧》一文中就认为"知足常乐"是中华民族的德行之一。古代过新年，人们会在朱红纸上写下"知足"二字，并贴在通行的门框上，以此劝导他人惜福。然而从古至今，被欲望驱使，贪婪不止，最终自取灭亡的人，仍一直出现。

清嘉庆年间流传一句民谣："和珅跌倒，嘉庆吃饱。"和珅是历史上有名的贪官，在乾隆时期权倾一时，后被嘉庆帝处死。经查抄，和珅家产价值高达二亿二千三百万两白银，玉器珠宝、奇珍异器不可胜数。和珅假如懂得知足即止，适可而止，安享晚年，也不至于断送了性命。贪婪，最终让他走上不归路。

俗话说，"知足者富""知止则止，终身不耻"。人的欲望是没有止境的。教育子女节制欲望，适度而止，可以防止其增长虚荣心，追求过度享受，徒增不必要的压力。有些家长往往对子女的学业、事业寄予过高的期望，使其背上沉重的心理负担，导致子女心理不健康，这是不可取的。

虚云禅师是民国时期有名的高僧。他19岁时在福建鼓山涌泉寺出家，之后勤修苦行。27岁时，他离开鼓山，先后到各地参访，朝礼佛迹。

有一次，虚云禅师行走到四川某地的一座小寺庙里暂住。寺庙旁边有两户人家，一户人家家境殷实，另一户人家却很贫寒。两户人家各有一个儿子，殷实者给儿子的都是最好的东西，儿子有任何要求，他都会尽力满足。相比之下，贫寒者就寒酸得多，儿子仅能够勉强吃饱穿暖。

虚云禅师曾对家境殷实者说："家虽有余，予子却不必多，否则如无底之洞，永无满足。"殷实者听后颇为不屑，说："我家底厚实，儿子要再多我都能满足。"

不久，当地暴发一场瘟疫。殷实者患病卧床，儿子非但没有在床前伺候，反而责怨父亲再也无法如从前一样满足自己。相反，贫寒者患病后，儿子伺候床前，端茶倒水，将其照顾得无微不至。

殷实者不解地问虚云禅师："儿子提什么要求我都会满足，为何他却不知感恩？难道我付出的还不如贫寒者多？"虚云禅师答道："付出不在多寡，而在于让孩子懂得知足。知足则平和满足，有一衣一饭都感欢喜；不知足则怨怼丛生，永远想要索取更多，又何来感恩呢？故先知足而后感恩呀！"

由此可见，心态决定了人的心境、心情，知足则易满足、愉快，不知足则易产生怨恨、不满。

（三）谦虚淡泊

颜之推在《颜氏家训·止足》中说："天地鬼神之道，皆恶满盈。谦虚冲损，可以免害。"意思是说："大自然的法则，都是憎恶满溢。谦虚淡泊，可以免除祸患。"

颜之推认为，志不可满，实际上是一种心态，就是一个人不管做什么事，不管有怎样的成就，都不能骄傲自满。《三国演义》里"张松献图"的故事就是一例：

张松来找曹操，准备主动献出西川地理图。但曹操瞧不起张松，傲慢无理，张松就没有把这张图交给曹操。后来，他见到刘备，刘备谦逊地以礼待之，他就将此图献给了刘备。刘备有了这张图，很快得了西川，最后形成魏、蜀、吴三分天下的局面。

做事业一旦骄傲自满就可能失去机会，平常过日子一旦骄傲自满就可能碰钉子。同时，不要有虚荣心。不要讲排场、比阔气，要以平常心、平和心态处世，衣足以御寒、食足以充饥就可以了，不可贪图富贵，以免招来祸患。

当今对孩子的心理健康教育，重在培养孩子的自尊心、自信心。有一句教育名言是这样说的：要让每个孩子都抬起头来走路。抬起头来意味着对自己、对未来、对所要做的事情充满信心。任何一个人，当他昂首挺胸、大步前进的时候，在他的心里有诸多潜台词——"我可以""我的目标一定能达到""我会做得很好""小小的挫折对我来说不算什么"……假如每一个孩子都有这样的心态，肯定能不断进步，成为有所作为的才俊。

然而，如今的孩子有相当一部分缺乏自信心和求上进的勇气，往往有自卑感。原因大致有两个方面：一是外部的原因，可能是受到的贬抑性评价太多，缺少成功的机会，处境不佳；二是内部的原因，可能是自尊心受损，自信心下降，又缺乏自我调控的能力。比如，一个孩子在班级中不受重视，在团体中没有表现自己能力的机会，或者在老师、家长面前受到太多的批评、指责甚至讽刺、挖苦，或者受到某种挫折（如考试成绩不好）后没有得到应有的指导和具体帮助，其自尊就会受到伤害，从而影响自信。之后，其表现不佳，又可能招致新的贬抑，形成恶性循环。

任何人都有自尊和被人尊重的需要，孩子也不例外。而自尊、被人尊重是产生自信心的第一心理动力。

有一个小男孩父母双亡，跟着一个傻哥哥一起生活。这个哥哥经常打他、骂他，不给他饭吃。他功课不好，成了后进生，班上很多同学看不起他。一位老师接班以后，了解了情况，经常到他家里帮他收拾屋子、做饭，让他穿上整洁的衣服。哥哥看到老师的做法后，也慢慢转变了对他的态度。这个男孩只要功课有一点进步，老师就表扬他、鼓励他，渐渐地，他的成绩越来越好。这个男孩在一篇日记里写道："我感觉在老师面前我是一个人，我的头顶上也有一颗太阳。"

正面激励是增强自信心的一种方法。这就是赞赏的力量。

那么，应该如何帮助孩子树立起自尊和自信呢？要让孩子充满自信地前进，应该怎么做呢？

一是尊重孩子的人格。

尊重人格是不分时间、地点的，也不分对方是优点多还是缺点多。如果家长在孩子有成绩时就尊重他，在孩子出现问题时就不尊重他，任意褒贬，那就做错了。家长不妨换位思考，当自己有缺点、错误时，希望别人怎样对待自己。

孩子渴望被尊重，尤其是被家长和老师尊重。尊重孩子，就不能对孩子说有辱人格、有伤自尊的语言。如"你没出息""你不可救药""你的脑子是猪脑袋""我对你完全失望了""早知你是这德行，就不该生你""你把我的脸丢光了"……这些话应该从家长的口中消失。

任意体罚和责骂孩子，最伤孩子的自尊。请家长记住，切不可为了自己的尊严而伤害孩子的自尊。

二是帮助孩子成功。

任何微小的成功，都能增强人的自信。一个孩子，当他写好一个字、做对一道题目、洗净一双袜子、做出一盘菜、缝好一粒纽扣、擦好一次地板时，他都有成功的喜悦，并会期望自己下一次做得更好。作为家长，此时给予孩子称赞，提升其成功体验，并不是多么难的事情。这就是大处着眼、小处着手。要让孩子通过一个个小小的成功一点一点地累积自信。

三是经常鼓励孩子。

有些家长往往只看学习成绩的好坏与否，而不重视孩子自信心的培养，甚至打击孩子的自信心。家长应从小事做起，多鼓励孩子。例如，孩子不会洗碗，不要指责他，而应告诉他怎样才能洗干净，紧跟着鼓励他："这回洗得真干净!"鼓励性的语言有很多，家长应该多用、多创造。例如："你真棒!""你真能干!""不要泄气，再努力一点就会成功!""我真为你骄傲!"

有些家长不相信孩子，说不出鼓励孩子的话，常常是因为他们自身也缺乏自信，不相信自己的教育能够成功，不相信自己可以找到更有效的教育方法。因此，要让孩子自信，家长首先要自信。

四、健康教育——给孩子一个强壮的体魄

颜之推身处乱世，四朝为官，对于养生之道积累了相当的经验，他在《颜氏家训·养生》中详细阐述了自己对养生的见解。这些见解包含着丰富的健康教育思想，也就是我们今天讲的"健商"，这些思想在如今仍

具有借鉴意义。

（一）养身先养心

颜之推认为，在子女的"养生教育"中，首要前提是生命的存在，即无"身"无以养"生"。《颜氏家训》说："夫养生者先须虑祸，全身保性，有此生然后养之，勿徒养其无生也。"意思是说："养生的人，首先应该考虑的是不能发生灾祸，保全身心和生命，有生命，才可能保养它，不可能徒然保养不存在的生命。"生命是最根本的，是1，其他是0，生命不存在则一切都是空的。

颜之推的养生之道是建立在儒家思想之上的，他认为，无"身"则无以养"生"，所以养生最重要的是注意"虑祸"。颜之推举了以下例子：春秋时期鲁国有一个叫"单豹"的隐士，他为了养生独居深山，逍遥于自然之间。由于保养得当，他已年过古稀，肌肤却还是像婴儿一样。但是由于不知虑祸，他最终被山林中的饿虎捕杀而食。有另一个名为"张毅"的人，是一个县里的小吏，每日应酬不断，不管富贵人家还是贫寒人家，无不交往走动，人际交往和谐了，外在的灾祸就少了。但是他在40岁时，还是因生病而死。

　　颜之推认为，单豹善于保养身心，但是"养于内而丧外"，因外部的灾祸而丧命；张毅则善于避免外部的灾祸，但是"养于外而丧内"，因体内发病而丧命。这两个人的做法都不可取，都不是正确的养生之道。同样的例子还有：嵇康虽然写过《养生论》，似乎颇善此道，但是因为傲慢得罪了权贵而被处死；大富翁石崇虽然体魄健康，但因为贪图钱财女色而招致杀身之祸。颜之推在这里告诫子孙的其实是处于乱世如何明哲保身、避开祸患的养生之道。

　　追求长生乃人之常情，但养身，首先要养心，即养德，以避免飞来横祸。有些人往往只注意身体的保养，而忽视外部的灾祸，如贪财，或溺于美色，或缺乏安全意识等。一旦大难临头，性命尚且不保，谈何延年益寿。少贪欲，静养心，方为养生之道。

　　颜之推虽然强调珍惜生命，但又主张舍生取义。他说："夫生不可不惜，不可苟惜。"意思是说："人应该爱惜自己的生命，但是不能以不正当的手段来爱惜。"这就涉及一个人的心胸修为问题。倘若"涉险畏之途，干祸难之事，贪欲以伤生，谗慝而致死，此君子之所惜哉"，即走上邪恶危险的道路，卷入祸难的事情，因追求欲望的满足而丧生，因进谗言、藏恶念而致死，是令人惋惜的，因为这样的死不仅轻于鸿毛，而且是不光彩、可耻的。那么什么样的死是重于泰山，是颜之推所推崇的呢？那就是"行诚孝而见贼，履仁义而得罪，丧身以全家，泯躯而济国"，即做仁义的事而获罪，丧一身而保全家，捐一躯而利国家。这就涉及一个生与义的取舍问题。

颜之推在前面以诸多笔墨论述了自己的养生之道，而在古代儒生看来，当生与义发生冲突时该如何取舍呢？《孟子·告子上》说："生，亦我所欲也；义，亦我所欲也。二者不可得兼，舍生而取义者也。"这是有气节的儒生和士大夫的普遍选择，颜之推显然也是推崇的。他历经梁朝动乱，看到很多有名望的官吏和贤能的文士面临危难苟且偷生，最终受尽屈辱求生不得。在颜之推看来，与其这样，不如像吴郡太守一样组织义军反抗，虽然失败后免不了被逆贼杀害，却也死得光荣。颜之推在这里还特别提到谢遴的女儿，她在叛乱中舍生取义，巾帼不让须眉。

历史上无数志士仁人或在捍卫国家和民族利益之时，或在救助他人于危困之际，临危不惧，慷慨赴难，以实际行动谱写出中华民族的浩然正气之歌。苏武是我国历史上著名的注重民族气节的人物，苏武牧羊的故事妇孺皆知，他的民族气节丹心可鉴。南宋末年文天祥组织力量坚决抵抗外侵，失败被捕后，面对元军威逼利诱，竟毫不动摇，视死如归，最终被杀，这种高尚的民族气节和为正义而献身的精神永远值得后人学习。

　　热爱生命是每一个人的责任，也是对生命意义最深刻的理解，但是比生命价值更高的是什么呢？是爱，还有信仰。在我们的生活中，常常能看到一些舍生取义的英勇事迹，我们虽为流逝的生命惋惜，却也为这种大爱动容。我们需要铭记的是，舍生不是目的，而是万不得已的最坏选择，所以我们在面临危难出手相助时，也要考虑自身情况，力求在保护自己的基础上再去帮助他人。既要见义勇为，又要见义智为。

　　（二）顺应自然，调养适度

　　所谓"养生"，就是保养生命。保就是护利御害，养就是扶正祛邪，也就是要保证人的生命在自然和社会的大环境中保持平衡和适应，即所谓"天人合一"。养生以求健康长寿，是有道可循的。在颜之推看来，正确的养生之道应该是以理智的态度注重日常身体保养，以达到天赋的自然寿命为追求目标，同时适当掌握服药的方法。颜之推说："若其爱养神明，调护气息，慎节起卧，均适寒暄，禁忌食饮，将饵药物，遂其所禀，不为夭折者，吾无间然。"意思是说："如果能爱惜保养精神，调理护养气息，起居有规律，穿衣冷暖适当，饮食有节制，吃些补药滋养，顺着本来的天赋，保住元气，而不致夭折，这样，我也就没有什么可批评的了。"养生除了要保持正常的生活起居方式之外，最重要的就是要"爱养神明，调护气息"。在《黄帝内经》中，岐伯跟黄帝有一段对话。黄帝问："何失而死，何得而生？"岐伯说："失神者死，得神者生也。"概言之，乱神就易得病，守神就不易得病。颜之推的观点可以概括为：

第一，爱养神明就是不管遇到什么事，都要把自己的情绪调舒畅了。颜之推在人生起落沉浮中发现，内心的平和以及心情的舒畅是最为重要的。所以，每天都应该清理烦恼，把心灵的垃圾清掉，让心灵像初升的太阳一样保持干净、温暖的状态。

第二，要认真调护气息。世界上所有的功法，从瑜伽到太极、六合、八卦、坐禅、静坐，本质都是调呼吸。调呼吸很简单，只需要放松地坐在一个地方，内心慢慢静下来，让自己的呼吸深厚绵长，回归先天节奏，排除杂念。这是非常重要的养生之法。

第三，通过自身的实践寻找养生的方法。比如，颜之推很推崇叩齿健身。他曾经患有牙病，牙齿松动欲落，吃冷热食物时都疼痛难忍。后来他看了《抱朴子》里固齿的方法，就学习着每天坚持叩齿三百下，牙病就渐渐好了。颜之推认为："此辈小术，无损于事，亦可修也。"意思是说："只要不耽误了大事，这些小方法还是值得学习的。"

（三）不要迷信长生不老之术，更不能迷信神仙鬼怪

颜之推虽然身处怪力乱神的时代，但是不轻易盲从，而是推崇眼见为实的较为科学的养生之道。

现在时代已经进步，怪力乱神的事情虽然少了，但是并没有绝迹。曾有一个报道：一位女士的女儿已经30岁了，结婚五六年，一直未能怀孕。她替女儿着急，于是瞒着女儿找了一位算命先生来问。算命先生说，她女儿不能怀孕可能是因为结婚那天冲撞了死人或是打碎了茶杯和碗，要做法事改命。于是，这个母亲按照算命先生的嘱咐，花近千元买了好些饰品给女儿佩戴，或放在其枕头下。但是转眼过去了三年多，女儿的肚子还是没有动静。后来她女儿去医院检查，才知道不能怀孕是身体原因，服药慢慢调理就好了。这个母亲为了女儿的事情奔波操劳，真是可怜天下父母心，但是由于方法不当，也只能是徒劳。这样的事例在我们生活中不少。

南北朝时期，道教逐渐风靡，其特点是追求生命价值的永恒。为了达到这一目标，有些人竭力寻求长生不老之术。而颜之推对此持反对态度，认为"性命在天，或难钟值""华山之下，白骨如莽"，生命的长度是不以人的主观意志为转移的。他主张顺其自然，注意日常保养就可以了。他的这种看法是清醒而又实际的。

颜之推的养生之道主张保养精神，调理气息，节制起卧，适应季节变化，注意饮食禁忌，适当服食补药。这里面提及的一些养生方法，我们现在依然可以借鉴一二。说到保养精神、调理气息，最好的方法是什么呢？当然是体育锻炼。现在许多家长过度重视孩子的分数，而忽视孩子的体能锻炼，导致孩子身体素质下降。家长们往往将矛头指向学校，却忘了反省自身。很多家长对孩子太过溺爱，在物质（饮食）上尽量满足他们，常常大鱼大肉，饮食结构不合理，户外活动跟不上，孩子的身体素质反而下降了。

2018年4月13日至15日，在"成都·2018亚洲幼教年会暨亚洲幼教展览会"上，主办方首次对外公布了来自西安的一批专业人员所做的幼儿体质检测数据分析。这个调查连续5年在全国130个城市与地区对30万名3～6岁在园儿童进行了体质检测，每学期2次（学期初和学期末），每年4次。通过大数据分析，结论如下：

第一，中国3～6岁幼儿的整体体质和健康状况令人担忧，与日本同年龄段幼儿相比，在体质的所有方面均处于较弱状况。各省之间、各重点城市之间、男孩与女孩之间、农村与城市之间差异巨大，不平衡性超出预料。

第二，体质相对比较薄弱的方面主要是：42%的幼儿动作不协调；体重和身高等身体形态不成比例，身高发育迟缓、体重偏重或者偏轻者超过31%；骨头不坚硬，肌肉不发达，关节不灵活，视力、心脏、血压、肺功能等不良比例超过20%；速度、耐力、爆发力、平衡性、协调性、柔软性以及大小肌肉、上下肢力量严重不足者接近50%。

第三，学前教育五大领域中，与其他领域横向比较，健康领域特别是体质健康是最薄弱的环节。

第四，将影响幼儿健康的几个维度互相比较，营养健康相对具有优势。除此之外的动作发展与体质健康、心理健康、大脑培养与健康等方面相对较弱，对幼儿心理健康和动作发展方面重视不足。

以上数据充分表明：我国的幼儿园教育最薄弱的环节就是体质健康领域。

有研究表明：儿童每天进行适量的体育锻炼，户外活动时间在2小时以上，是极为重要的。应让孩子从小养成锻炼身体的好习惯，擅长一两项体育运动项目。

简言之，适度运动是增强孩子体魄的重要途径，在家教中不可忽视。

第四讲　《颜氏家训》告诉我们中国家教之法

如何教子是当今社会父母们头疼的问题。随着物质生活条件的提高，望子成龙、望女成凤的家长们在孩子教育上的投入也越来越多。然而投入和产出并不一定成正比，付出后不一定有良好的回报，我们还是能从新闻里看到各种网瘾少年、失足少女的故事。到底问题出在哪里呢？这与教子无方不无关系。《颜氏家训·教子》全面系统地讲述了教子之法。

一、成长教育要趁早

颜之推认为，子女的早期教育对于个人成长有着巨大影响，"骄慢已习，方复制之，捶挞至死而无威，忿怒日隆而增怨，逮于成长，终为败德"。俗话说："教妇初来，教儿婴孩。"坏习惯一旦形成就难以改变，尤其是长大以后想改变要花很大的功夫，因此，颜之推提倡早教，甚至主张从胎教入手，认为女子一旦怀孕就应当目不斜视、耳不妄听，音乐、饮食都要按礼的要求加以节制。随着孩子渐渐长大，"当及婴稚识人颜色，知人喜怒，便加教诲，使为则为，使止则止"。他还指出了实行早教的原因，认为"人生小幼，精神专利，长成已后，思虑散逸，固须早教，勿失机也"，即幼年时期人的精神容易专注，记忆力较强，而长大以后容易受外界干扰，也容易遗忘。此外，"人在少年，神情未定，所与款狎，熏渍陶染，言笑举动，无心于学"，即儿童年幼时心灵单纯，各种思想观念还没形成，可塑性大。因此，他认为儿童早期教育非常重要，越早进行越好。

从学习成效看，幼儿时期的教育成效最佳，因为儿童在幼儿时期精力旺盛，求知欲强，能专心致志地学习。到了成年时期，由于面临复杂的社会，生活压力大，容易分心，很难专心学习。

从个性形成阶段看，幼儿时期是个性形成的最重要阶段，儿童最容易受外界影响，可塑性最强，心性还不稳定，接受什么样的教育，就成为什么样的人。

从早期教育对人一生的重要影响来看，幼儿时期学到的东西对人一生的成长至关重要。

古今中外大量的早期教育事例证明，早期教育的作用是明显的。早教可以为少年儿童接受学校教育和社会教育打下良好的基础。凡是接受过家庭早期教育的少儿，在进入小学接受教育的过程中，不仅适应性强，而且理解、接受能力也强，因此心理素质良好，学习成绩也比较突出。早教可以使少儿的潜在能力得到充分的发挥。现代心理学家认为，早期良好、丰富的环境刺激和教育，可以促进脑细胞复杂功能的形成，使幼儿的潜能得到开发。在幼儿阶段进行早期教育，对开发右脑有着积极的作用。一个人受教育的机会越多，学会的知识和技能越广泛，向新的情景和深入学习迁移的机会就越多。如果能够参照优秀人才在思想道德、心理、能力以及文化上所必须具备的条件，从小抓起，扎扎实实地进行早期教育，就能为少儿的全面发展确立较高的起点。

教育家洛克说："一般人教育子女有个重大的错误，就是没有使儿童的精神在最纤弱、最容易支配的时候习于遵守约束和服从理智。"

哲学家培根认为，习惯是一种顽强而巨大的力量，它可以主宰人的一生，因此，人从幼年起就应该通过教育培养一种良好的习惯。

幼儿如同幼苗，培养得宜，方能发芽生长；否则幼年受了损伤，即使不夭折，也难成才。

俗话说："三岁看大，七岁看老。"意思就是，我们能从一个人小时候的表现看到他的一生。这句话虽然有些夸张，但至少表明孩童时的经历对人一生的成长至关重要。然而现在有很多家长容易陷入这样的误区：对于自己的孩子有爱欺负人、顽皮多动等毛病，都以年纪小不懂事搪塞过去，不予重视，从而错过最关键的教育时期。

颜之推在《颜氏家训·教子》中说："古者，圣王有胎教之法：怀子三月，出居别宫，目不邪视，耳不妄听，音声滋味，以礼节之。"意思是说："古时候，圣贤的君王就有胎教的方法：妃嫔怀胎三个月时，就要迁居到别的宫室去，眼不看不该看的东西、耳不听不该听的声音，所听音乐和饮食，都要用礼仪加以节制。"

颜之推主张："当及婴稚识人颜色，知人喜怒，便加教诲，使为则为，使止则止，比及数岁，可省笞罚。"中国传统的教育与西方教育理念有些许不同。西方教育理念注重让孩子在孩童时释放天性，而颜之推在这里强调的是教诲孩子明辨事理：大人同意的，孩子才做；大人不同意的，孩子即使做了也应立即停止。其实这对父母本身的品德操守提出了很高的要求：父母应言传身教，表里如一。

居里夫人平时科研工作十分繁忙，然而她很善于抓紧时间对子女进行早期教育，并善于把握孩子智力发展的年龄优势。譬如，居里夫人在女儿不足1岁时就让她们开始"幼儿智力体操"训练；让她们广泛接触生人，走入熙熙攘攘的人群中；让她们到动物园看动物，与猫玩，到公园看各种色彩绚丽的植物，欣赏和感受大自然的美景和事物。因此，居里家族走出了很多杰出的科学家，居里夫人对早教的重视值得称道。

现在有的父母从孩子幼时起就对他千依百顺，常常是"宜诫翻奖，应诃反笑"。即使明知孩子的要求是不恰当的，也会满足他；即使明知孩子在做错事，也不阻止他。这样的现象，在现代家庭中有不少。

重视孩子的早期教育，不仅是为了促进孩子智力开发，更重要的是让孩子养成守规矩的习惯。必须及早培育孩子的心性，使之养成良好的习惯。不要"骄慢已习，方复制之"，等到坏习惯养成了，再叫孩子去改正，那就太迟了。因此，让孩子养成守规矩的好习惯，虽然可能会让孩子一时哭喊，但能换来他一世欢笑。对孩子及早进行规范训练，是留给孩子最宝贵的精神财富。

林则徐说过一段发人深省的话："子孙若如我，留钱做什么？贤而多财，则损其志。子孙不如我，留钱做什么？愚而多财，益增其过。"意思是说："子孙如果像我一样卓越，那么，我就没必要留钱给他，贤能而拥有过多钱财，会消磨他的斗志；子孙如果是平庸之辈，那么，我也没必要留钱给他，愚钝而拥有过多钱财，会增加他的过失。"

无论你留给一个败家子多少家产，他都可以在很短时间内挥霍掉，而你培育他形成平和的心性、养成良好的行为习惯，则是他一辈子都用不完甚至他的子孙都用不完的财富。

现代科学研究表明：婴幼儿早期教育对儿童成长具有重要的意义。0～3岁是幼儿脑神经发育的关键时期。

有神经科学研究表明：从出生到2岁，在人脑重量不断增加的同时，每秒钟有100万个神经细胞突触进行连接；2～3岁幼儿的神经细胞突触连接数量是新生儿的20倍，3岁幼儿的神经细胞突触连接数量是成人的2倍。"修剪"过程是适应环境的结果，是大脑"经济地使用自身"的一种表现（用进废退）。

大脑发育理论认为：在婴幼儿时期提供均衡营养和科学养育可以改变基因的表达方式（包括大脑的结构和功能），从而使儿童潜能充分发挥。

在这个时期，大脑发育存在敏感期，集中在0～3岁。敏感期是机会之窗，在此期间提供相应的环境刺激，对促进儿童相关能力的成长可以起到事半功倍的效果。

人生最初的1 000天是人一生投资回报率最高的阶段，婴幼儿早期发展干预等预防性干预措施远比学校和成人阶段教育等补救性干预措施更有效（包括效率和效果）。

在人生早期提供丰富的语言环境对婴幼儿的健康发展具有重要影响：在18个月时，每天的词汇量开始出现差距；在3岁时，每天词汇量的差异可达2～3倍。

对婴幼儿进行早期教育还可以减少其负面体验。大脑发展是基因、生物因素和心理因素相互影响的过程；负面的生物因素和心理因素会损害其认知能力和阻碍其社会情感能力的发展。有研究表明，当一个人在3岁前遭遇6～7个生物、心理方面的风险因子时，有90%～100%的可能性会出现发育迟缓；当一个人在儿童时期有7～8次严重的负面体验时，其成人后患心脑血管疾病的概率是其他人的3倍。

　　婴幼儿早期教育目前还是我们国家的一个"短板"。现在有"0岁起步"的提法，就是强调要从0岁开始进行教育。一些家长对于0～3岁儿童只关注身体健康，而忽视了认知、语言、运动和社会情感能力的发展，这是很可惜的，可以说是输在起跑线上。应当高度重视和关注这一问题，特别是在农村，应探索建立乡村婴幼儿养育指导中心，培训养育师，有针对性地提高家长的养育水平。

二、父母要以身作则，率先垂范

　　颜之推重视"风化"，推行潜移默化的家庭教育方法，认为父兄要以身作则。对于幼年时的孩子来说，教育者就是一面镜子，是孩子的模仿对象，因此教育者一定要完善自身的道德修养，做好表率。

　　中国最需要接受教育的是家长，而不是孩子。家长教育孩子仅仅有爱是不够的，必须懂得孩子的成长规律。教育孩子不能错过孩子发展的关键期。发展的关键期是指人类对某种行为、技能或知识掌握速度最快、最易受影响的时期。如果在发展的关键期对孩子施以正确的教育，他学习起来既快又好，往往能够收到事半功倍的效果；一旦错过关键期，他就需要花费几倍的努力才能弥补，甚至永远无法弥补。

孩子主要有以下发展的关键期：学习咀嚼关键期（6个月）；学习秩序规范关键期（2.5～6岁），这是孩子行为习惯形成的关键期，这一时期形成的性格、行为、习惯往往到长大后也不会轻易改变；语言发展关键期（3～6岁）；想象力发展关键期（2～8岁）；文化敏感期（6～10岁），这一时期的许多孩子对世界充满好奇，爱动脑筋，问题特别多，这时应该尽量满足孩子的求知欲；黄金阅读期（8～14岁），如果在这一时期没能让孩子大量阅读并给予科学指导，将会给孩子的成长造成难以弥补的缺憾；独立关键期（12～15岁），这一时期教育不好，孩子可能永远长不大。

有人说，"三流的父母做保姆，二流的父母做教练，一流的父母做导师"，所谓"导师"是懂得从孩子的角度看问题，善于教育孩子爱惜时间、独立思考的家长。

颜之推早年丧父，跟随兄长生活，他结合自己的生活经历，提出父母教育子女要严慈结合。他认为治家的宽严与治国是一个道理。俗话说"上梁不正下梁歪"，父母本身就是一面镜子，其言行举止、为人处世都在潜移默化地影响着孩子。要倡导良好的家风，首先应由治家者言传身教，身体力行。下面三个例子充分说明了这一道理：

例一

曾国藩为官三十余年，治家却极为节俭，为了提倡节俭的家风，他更是身体力行、以身作则。在杨公达所编的《曾公轶事》中有《曾国藩的治家方法》一文，文中说："公秉性节俭，平时不穿帛制的衣服。当三十岁生日时，曾做了天青缎马褂一件，在家从不轻易穿，只有遇到庆贺及过年时才穿一下。这件衣服藏了三十年，还像新做的一样。"曾国藩能做到如此勤俭，实属不易。

例二

林则徐的祖父是个廪生，长期漂泊在外，以教书谋生。由于"家口浩繁"，家境日渐拮据。到林则徐父亲林宾日执掌家业时，已是"家无一尺之地、半亩之田"，落到社会贫困阶层的地步。林宾日没有因贫困而丧志，而是固守儒业，日夜苦读，希望通过科举途径振兴家业。他的文才在乡里颇有名气，但他在科场却屡试不顺，29岁才考中秀才，补了廪生，后来便再也考不上举人。直到41岁，他由于过度用功，患了眼疾，才放弃举业，从此"孜孜于教诲子弟，成就后学之事"，把读书进取的希望寄托到下一代身上。

由于生活极其艰辛，有人劝他让儿子林则徐改图他业以佐家计，他总是笑而不答。对于造就后代成器，他有独到的见解。他说："《易》以养蒙为圣功，养之时义大矣哉。养其廉耻，使达于奇衮；养其天真，庶免于浇薄。夏楚收威，特其偶耳；若习焉，有不生玩者乎？"林宾日教子，有自己的一套方法。林则徐从小就有较高的天赋，4岁时，林宾日便把他带到塾馆，抱在膝上开始启蒙教育。有人质疑是不是太早了，林宾日回答："非欲速也，此儿性灵，时有发现处，不引之则其机反窒，此教术之因材而施者耳。"他教学极有耐心，"谆谆然，循循然，不激不厉，而使人自乐于向学"；还特别注重身教，"讲授书史，必示以身体力行，近理著己之道，罕譬曲喻，务使领悟而后已"。

据林则徐回忆，他小时候从未受过父亲打骂，连大声呵斥都绝少。如此温文尔雅，没有深厚的修养和非凡的定力，是很难做到的。林宾日奉行"不妄与一事，不妄取一钱"，绝不沾染社会的丑恶习气，更不贪图不义之财。当时考秀才必须由廪生保送，有个"身家不清"的人送来很厚重的礼物，请林宾日帮忙保送。林宾日问他为何不请他人保送，对方回答说："因先生一向信誉好，若由您保送，没有人会怀疑我。"洁身自好的林宾日最不屑参与这种事，回绝了他。还有个同乡出重金聘林宾日当家庭教师，他也因其品行不端而拒绝。这些事例都反映出他安贫乐道的恬淡性格和道德品质。

林宾日能够甘之如饴地坚守自己为人处世的原则，与其妻陈帙的配合是分不开的。陈氏也出身书香之家，嫁到林家时，林家"家无立锥"，还欠有许多债务。"当时贫窭之状，有非恒情所能堪者。"林则徐从小孝顺，看到母亲辛苦，曾提出要为家里分担生活重担。母亲总是说："男儿务为大者远者，岂以是琐琐为孝耶！读书显扬，始不负吾苦心矣。"可见，陈氏也有不同寻常的见识和守贫立志的毅力。林宾日夫妇的高洁品格和对物质生活的超然态度，并不是在困窘之中才如此，而是一以贯之，终生不变。

后来林则徐当了大官，屡次要把父母接到身边奉养尽孝，他们总是以过惯了家乡的平凡生活为由而不往，林父还赋诗"江湖远涉烦舟楫，菽水长留胜鼎钟"以表心志。林母怕拂了儿子美意，曾短期就养，也仍是"珍食必却，美衣弗御"。她说："一身之福有几，奈何遽欲尽之？但以分赒三党之贫乏者，不尤愈乎！"这种超然物外、志存高远的家风，体现了儒家"威武不屈，贫贱不移，富贵不淫"的境界，对林则徐的成长起着潜移默化的身教作用。

例三

梁启超的家教是很成功的，其后人一门三院士，九个子女皆成才。这九个孩子或毕业于清华学校（清华大学前身）等国内顶尖院校，或远渡重洋去哈佛大学、西点军校等知名学府求学，学成后在各自的专业领域都有一番作为：长女梁思顺，诗词学家：次女梁思庄，图书馆学家：三女梁思懿，社会活动家；四女梁思宁，新四军战士；长子梁思成，建筑学家；次子梁思永，考古学家；三子梁思忠，北伐军将领；四子梁思达，经济学家；五子梁思礼，火箭专家。其中，梁思成参与设计了中华人民共和国国徽和人民英雄纪念碑；梁思永带头发掘了龙山文化遗址，是我国近代考古学奠基人；梁思礼参与设计了"长征二号"运载火箭，是我国导弹控制系统的创始人。

梁启超的后代之所以都很出色，与梁启超的为父之道密切相关，他时时处处以身作则，做孩子的良师益友。

梁启超为培养孩子们的感恩心、同情心及礼仪，会细致入微地给予教导。对于帮助过他们家的二叔，他叮嘱孩子们逢年过节必须去信道谢、拜年；外祖父去世，他不但叮嘱孩子们来信安慰母亲，还要他们给舅舅们去信表达哀思。正如他所期望的，梁家的儿女忠孝传家。

对于治学，梁启超看重的不是成功与否，而是治学的态度。在写给儿子梁思成、梁思永的信中，他教训道："汝等能升级固善，不能亦不必愤懑，但问果能用功与否。若既竭吾才，则于心无愧；若缘殆荒所致，则是自暴自弃，非吾家佳子弟矣。"梁思成在外求学期间，对所学专业产生疑惑，来信询问，梁启超为其解惑："各人自审其性之所近何如，人人发挥其个性之特长，以靖献于社会，人才经济莫过于此。"梁思成曾说，父亲的治学方法对他和梁思永的影响特别大。梁思礼也说，父亲伟大的人格和博大的心胸，趣味主义和乐观精神，对新事物的敏感性和严谨的治学态度，都是取之不尽、用之不竭的精神源泉。

无数事实证明，父母不以身作则是难以培养孩子的良好习惯的。有全国家庭教育状况调查报告显示，父母"答应孩子的事情做不到""说脏话、粗话""与他人吵架""大声喧哗""乱扔垃圾""随地吐痰"等不良行为对孩子会产生不好的影响。父母教育孩子必须注重以身作则，成则成矣，败则败矣。

三、要坚持慈严结合

父母是孩子的第一任老师，"父母威严而有慈，则子女畏慎而生孝矣"。颜之推不赞成"无教而有爱"的现象，认为"饮食运为，恣其所欲，宜诫翻奖，应诃反笑，至有识知，谓法当尔。骄慢已习，方复制之，捶挞至死无威，忿怒日隆而增怨，逮于成长，终为败德"。意思是说："对孩子的饮食言行总是放纵，任其恣意妄为，该训斥阻止的时候反而夸奖鼓励，该严肃的时候反而面露笑容。孩子长大懂事以后，就会认为理应如此。等孩子骄横傲慢的习性已经养成，父母才想到去管束制约，就算把他们鞭打至死，父母的威信也难以树立。父母的愤怒导致孩子的怨恨之情日益加深，等到孩子长大成人，终究会成为道德败坏的人。"

颜之推以短短数言勾勒了当今社会的浮世绘，当然，其中将孩子鞭打至死的表述过于极端。在如今物质充足的年代，有些家长对孩子的溺爱真是"有爱无教"。每一个不成器的孩子后面，都有一双不懂放手、溺爱孩子的父母。家长对孩子一刻不愿放松的关怀、包办，是对孩子的伤害。

我们要做懂爱会爱的家长。不少父母爱得糊涂，爱得错位，有时还爱得过分。爱是一门艺术。爱需要表达，也需要行动。有时一个拥抱胜过千言万语。爱要适度，不要让你的爱泛滥成灾。

毛姆认为，年轻人在成长中被寄予厚望，童话和幻想是他们的精神食粮，而这些都无法让他们适应现实生活。不彻底打碎他们的幻想，他们将会痛苦颓唐。而这些孩子之所以会落到这个地步，往往要怪身边那些过于溺爱的父母。

梁元帝时期，有一位学士，聪明、有才气，非常受父亲宠爱。他要是有一句话说得漂亮，父亲恨不得全世界都知道，天天将这句话挂在嘴边；可他要是有一个字说错了，父亲就百般粉饰遮掩，只在心里希望儿子能自己默默改掉。后来，这位学士暴躁傲慢的脾气日渐滋长，最终因为言语不当被当权者所杀。

人之爱子，是为天性，但大多数父母往往有爱而无教。当爱变成无条件的宠溺和呵护时，再无私的深情，也是一把能置人于死地的刀子！

《颜氏家训》中说："凡人不能教子女者，亦非欲陷其罪恶，但重于诃怒伤其颜色，不忍楚挞惨其肌肤耳。"溺爱孩子的父母，最终会吃人生的苦果。值得教给孩子的，永远是使其坚强的东西。

人的生命似洪水奔流，往往会遇上岛屿和暗礁，我们要有直面生活的勇气和能力，才能激起美丽的浪花。

对孩子严格要求，其实正是从孩子的长远发展出发。颜之推在《颜氏家训·教子》中举了一个例子：梁朝名将王僧辩的母亲对他管教甚严，即使他已经做了将军，年过四十，只要做了错事，母亲也会拿棍子打他，可见其家教之严。后来，他成就了一番大功业。

在这方面，曹操也为我们作出了示范：

曹操不仅是一位伟大的政治家、军事家、文学家，还是一位了不起的教育家。曹丕、曹植二人与曹操并称"三曹"，历史地位堪比"三苏"。曹丕文武双全，所著《典论·论文》在中国文学理论批评史上具有划时代的意义；曹植才华横溢，有《洛神赋》《白马篇》等代表作。曹操的其他几个孩子也是各有作为：曹彰勇武过人，曾大破鲜卑于辽东；曹冲聪明过人，称象的典故众所周知。这与曹操平日里对他们宽严并施的教育是分不开的。

曹操很爱他的孩子们，曹冲生病时他曾"食不下咽，昼夜照看"，是个慈父，深受孩子们喜爱。但是曹操也非常严厉。曹植奉命解送军粮，喝酒误事，虽然没有造成什么损失，但是曹操仍然罚曹植向众军磕头请罪，其严厉程度可见一斑。这种宽严并施的教育理念，使得曹操在给予孩子们爱的同时又不至于太过溺爱，同时也教会了孩子们为自己的行为负责。

由曹操的教子之道可见，教育孩子不能盲目施压，也不能有病乱投医，更不能任其发展，过分溺爱，应当根据孩子的兴趣着重培养，并请良师辅之，不能根据自己的经验胡乱教育。平日里要多关心孩子的生活，遇事不要一味包办，要让孩子学会承担和负责。

　　傅雷对儿子傅聪的教育就是一以贯之地严格要求。他规定孩子要怎样说话、怎样行动，甚至细化到连进餐也要坐得端正，手肘要靠在自己座位桌边，不能妨碍同席的人。傅聪按照父亲的规定，每天按时练习弹琴，从不敢松懈一下。后来傅聪远赴重洋，仍然潜心艺术，终于成为一位知名的钢琴演奏家。看过《傅雷家书》的人，无不为这位父亲深沉的父爱动容。

四、亲子相处，保持爱的距离

　　颜之推在《颜氏家训·教子》中还提到一个我们现在极易忽视的重要理念，那就是亲子之间相处，虽然要关爱周到，但也要距离适度，不可以过于亲密。他说："父子之严，不可以狎；骨肉之爱，不可以简。简则慈孝不接，狎则怠慢生焉。"意思是说："父亲对孩子要有威严，不能过分亲密；骨肉之间要相亲相爱，不能简慢。如果流于简慢，就无法做到父慈子孝；如果过分亲密，就会产生放肆不敬的行为。"

颜之推一生所受最多的还是正统的儒家教育，而儒家非常注重"君臣""父子"的礼节，尊卑有别，长幼有序。很多人会说，如今时代已经不同，再提这些礼节有必要吗？我们虽然主张亲子之间要民主和平等，但还是要注意尊长。尊卑观念固然是传统礼教留下的糟粕，是我们要摒弃的东西，但是亲子之间保持适度的距离、晚辈尊重长辈，是必要的。从另外一个角度说，每个人都是一个独立的个体，孩子也要有自己的空间，保持适度距离，也是为了培养孩子的独立性。

孔子说："过犹不及。"这也从另外一个角度验证了颜之推的主张。亲子之间尊重太过，就成了没有原则的妥协；尊重不足，冲突又会随之产生。怎样才是尊重有度、距离适度呢？那就是保持爱的距离。家长既要做孩子的知心朋友，又要做严格的长者。要让孩子既信任家长，乐于向家长敞开心扉，又遵从家长的决定。

五、爱的天平莫倾斜

颜之推在《颜氏家训·教子》中提到另外一个问题：从古至今的父母难免会犯一个错误，即对不同子女有所偏爱。他说："人之爱子，罕亦能均；自古及今，此弊多矣。贤俊者自可赏爱，顽鲁者亦当矜怜。有偏宠者，虽欲以厚之，更所以祸之。"意思是说："家长对孩子的疼爱，很少有能做到平均的；从古至今都是这样，这其中有很大的弊端。天资好的孩子自然有值得喜爱的地方，天资差一点的也要关心爱护。偏爱某个孩子，看似是对他好，其实会害了他。"

古代由于存在嫡长子继承制，一般来说，嫡长子会得到父母更多的偏爱。如今大多数家庭都只有一个孩子，这个问题没有古代那么泛滥。但是对于有多个孩子且男孩女孩均有的家庭，男孩受到的关注仍然比女孩多，这种现象在农村更加普遍。农村有一句俗话是"嫁出去的女儿泼出去的水"，认为养女儿是替别人家养的，养儿子才能防老，爱的天平倾斜得非常厉害。这不仅有违平等观念，对女孩的发展更是不利，要引起相当的重视。

我国无产阶级革命家廖承志一生不趋炎附势，不以门第取人，也不以性别厚薄相待。他自己已有不少孩子，还曾经收养过几个烈士遗孤。在家里，他对待这些遗孤如同亲生儿女一样。廖承志能做到"幼吾幼以及人之幼"，我们至少应做到对自己的子女不偏爱吧。

"人之爱子，罕亦能均"，自古及今，做父母的鲜有不偏心的。有一个统计结果显示，在多孩家庭，超过68%的哥哥姐姐曾被父母要求谦让弟弟妹妹。很多父母恐怕不知道，"有偏宠者，虽欲以厚之，更所以祸之"。

南北朝时期，太子高纬的同母弟弟琅琊王高俨生性聪慧，很得父母宠爱，穿戴、饮食都和太子一样。皇帝每次看见他都说："这孩子聪明，日后一定大有成就。"后来太子继位，高俨移居到别宫，但太后还是经常提及他。高俨才十几岁就骄奢无度，一旦稍有不满就说"凭什么皇帝有的我没有"。明眼人一看便知这是郑伯克段于鄢的翻版。果然，高俨最后因假传圣旨杀害朝廷重臣而被皇帝处死。父母的偏心宠爱，反而带给了孩子不良影响。

对待子女，不应拿他们作比较，区分高低好坏。遭冷落的子女在心灵上势必受到伤害，受偏爱的子女也容易出现意想不到的负面行为。

不患寡而患不均，现在兄弟姐妹之间的一些矛盾，归根结底可能是受到父母的不公正对待造成的。如今国家鼓励生二胎，照顾多个孩子时，父母一定要做到一视同仁。

结　语

　　《颜氏家训》共二十篇，内容体系宏大，涉猎广泛，具有丰富的历史文化意蕴，不失为传统文化中一座取之不尽、用之不竭的知识宝库。其对后世的影响之深远，宋代以后尤甚。宋代朱熹所著《小学》，清代陈宏谋的《养正遗规》，都曾取材于《颜氏家训》。这部典籍对于研究古文献学和南北朝文化的历史意义也颇为深远。《颜氏家训》传诵千年，虽因时代局限，在思想上有现代须摒弃之糟粕，但就整体而论，其言语极朴实、思想极深邃，广泛涉猎教育、历史、文学、佛学、社会、伦理等领域，不一而足。

　　颜之推出自士族大家，我国士族阶层历来重视文化传承，尤其是对家庭传统文化的传承。"为学"是颜之推家训的核心，在《教子》《慕贤》《勉学》中有诸多笔墨反复论述。关于"为学"的目的，颜之推说："古之学者为人，行道以利世也；今之学者为己，修身以求进也。"颜之推抨击当时士大夫教育的腐朽没落、急功近利，主张向古之学者学习，推行儒家的政治理想和道德修养，从而培养经世致用的人才。矫正士大夫的教育之风应从哪些方面着手呢？首先要重视家庭教育，儿童早教、胎教亦相当重要，无论年龄大小，都应该读书学习，"幼而学者，如日出之光；老而学者，如秉烛夜行，犹贤乎瞑目而无见者也"。重视教育，要严慈相济，"父母威严而有慈，则子女畏慎而生孝矣"。重视教育，学习方法很重要，颜之推提倡虚心务实的学习态度，既要博览群书，又要接触世务，经世致用，所谓"博学求之，无不利于事也"。学习从切磋中得来，不可闭门造车。颜之推主张像《尚书》所说的"好问则裕"，提倡师友之间相互启明。学习是一生的事业，学会做人乃是立身之本。善于向身边的人学习，君子不掠人之美，德艺周厚者声名自播。

颜之推在《颜氏家训·治家》中探讨了对于治家的心得体会。古人向来重视家庭文化的培养，所谓"家和万事兴"，家庭是我们的第一所学校，良好的家风是传家之宝。颜之推认为，治家必须自上而下，父母应当给子女起表率作用，治家要勤俭，宽严要适度，要树立正确的金钱观念，更要有仁厚之风，所谓"夫风化者，自上而行于下者也，自先而施于后者也。是以父不慈则子不孝，兄不友则弟不恭，夫不义则妇不顺矣"。尽管我国传统的大家庭模式已经弱化，树立良好家风的理念却永远不会过时，颜之推的治家理念对于我们探讨现代小家庭的相处之道裨益颇多。

立身之本，以学为基。《颜氏家训·慕贤》阐述了重贤敬才之道，主张与有德有才之人交往，潜移默化陶冶自己的性情，交友要选贤，切忌以地位论人才。礼为教本，亦是立身之道，礼仪是一张无形的名片，良好的礼仪可以成为人际交往中的"通行证"。我国作为礼仪之邦，若以古为镜，恐怕现在对礼仪的重视已不及古人，引人深思。颜之推以"礼"的修养教育子孙立身做人，所谓"君子处世，贵能克己复礼，济时益物"。

在儒家思想体系里，中庸是最高的道德境界，但中庸并非简单的折中主义、调和主义。颜之推受儒学思想熏陶，身处乱世，历经沧桑变故，中庸思想贯穿其生存哲学的方方面面。凡事"过犹不及""节制而不恣纵，戒慎而不轻薄"，这些都是颜之推的处世之道。他批评江南人的奢靡之风，倡导北方人的节制度日，告诫子孙

"施而不奢，俭而不吝"，治家要宽严相济，养生同样需要节制，亦需与修为同步。他还告诫子孙在婚配问题上莫以权势、地位和金钱作考量。以上种种道理，我们现代人若仔细思量，想必也受益匪浅。

本书解读时主要集中于《颜氏家训》论述家庭教育的相关章节，如《教子》《兄弟》《治家》《慕贤》《勉学》《名实》《涉务》《止足》等。在如今这个快餐文化流行的时代，传统文化典籍反而彰显出独特魅力，《颜氏家训》带我们走进了系统完整的古代版家庭教育体系。本书结合现代家庭教育的实际，阐述了家庭教育的意义、宗旨、原则、内容以及方法，以期对广大家长有所启发。

教育学家马卡连柯认为，孩子的第一任老师是父母，他们的每一句话、每一个举动、每一个眼神，甚至看不见的精神世界，都会给孩子潜移默化的影响。

我们要爱孩子，更要善于教育他们，这就需要家长具有高超的才能和渊博的知识。

一门好家风，胜却千名校。愿我们能从《颜氏家训》这本书中汲取古人智慧，教子有方，培养出优秀的子女，让中国的好家风代代相传。